KB129950

당신이
잠든 사이의
뇌과학

매일 밤 머릿속에서 펼쳐지는 잠과 꿈에 관한 거의 모든 과학

당신이 잠든 사이의 뇌과학

라훌 잔디얼 지음
조주희 옮김

웅진 지식하우스

★★★ 추천의 말 ★★★

"우리는 꿈을 꾸기 위해 진화했다." 이 책을 읽어 내려가다가 이 문장에서 숨이 턱 하고 멎었다. '아, 그렇구나! 이렇게 볼 수도 있겠구나!' 한때 꿈은 무의식의 발현이라고 믿어졌다. 이후 신경과학이 발달하면서 장기기억을 형성하는 과정에서 별 의미 없이 발생하는 의식 정보의 나열이라는 가설이 대두되기도 했다. 그러나 이 책은 그보다 더 새롭고 흥미로운 가설을 제시한다. 불안과 상상을 반영하고 있는 꿈은 우리의 경험을 조직화하고, 다양한 시나리오로 미래를 예측하며, 자기 자신을 정제되지 않은 형태로 이해하는 필연적 과정이라고 주장한다. '밤의 상담사'인 꿈과의 대화를 통해 우리는 '날것의 자아'를 경험하게 된다는 것이다. 매우 기본적인 뇌의 작동 메커니즘부터 친절하게 설명하고 있어 뇌과학 초심자도 이해하기 어렵지 않다. 더 나아가 저자는 꿈의 본질을 깊이 파고들어 자각몽이나 악몽, 야한 꿈의 기원, 꿈을 조작하는 방법까지 우리가 잠든 사이에 벌어지는 가장 흥미롭고 궁금한 질문들을 다채로운 예제와 비유로 풀어나간다. 지난 10년간 잠과 꿈에 관한 책 중에 가장 잘 쓰인 책이다.

정재승 • KAIST 뇌인지과학과·융합인재학부 교수, 『열두 발자국』 저자

우리는 인생의 대부분을 꿈을 꾸면서 보내면서도 왜 꿈을 꾸는지에 대해서는 전혀 이해하지 못하고 있다. 저자는 꿈의 영역에 드리워진 미지의 커튼을 우아하게 걷어내고, 그 안에 숨어 있는 과학적 사실과 흥미로운 이야기들을 여기에 모두 풀어냈다.

데이비드 이글먼 • 스탠퍼드대학교 신경과학과 부교수, 『우리는 각자의 세계가 된다』 저자

이 책은 우리가 꿈을 꾸는 이유와 그 경험을 통해 얻을 수 있는 놀라운 것들을

명쾌하고 능숙하게 설명한다. 수십 년간 읽은 수면과 꿈에 관한 책 중 이 책이 단연코 1등이다. 최신 뇌과학과 기막힌 스토리텔링을 바탕으로 설득력 있고 상상력 넘치는 꿈과 뇌에 관한 완벽한 가이드북을 써냈다.

리처드 레스탁 • 신경과 전문의, 『늙지 않는 뇌』 저자

저자는 연구실과 수술실에서 매일 뇌를 마주한다. 그 과정에서 발견한 새로운 과학적인 사실과 자신만의 놀라운 통찰력을 엮어 이 책을 완성했다. 뇌와 꿈에 대해 설명하는 데 이보다 더 적합한 사람이 있을까? 꿈의 무궁무진한 가능성을 소개하는 이 책이 어쩌면 당신의 인생을 완전히 바꿔놓을지 모른다.

루이스 하우즈 • 『그레이트 마인드셋』 저자

이 매혹적인 꿈 탐구는 우리 자신을 이해하는 데에 도움을 줄 뿐 아니라 창의력, 상상력을 자극하기에 충분하다. 그런데 여기에서 그치지 않고 꿈의 잠재력을 발휘하여 깨어 있는 삶에 영감을 줄 방법까지 제공한다. 내가 이 책을 꿈의 고전이 될 책이라고 말하는 이유다.

테사 아라곤스 • 글로벌 디지털 에이전시 AKQA 회장, 전 나이키 글로벌 브랜드 마케팅 디렉터

이 책은 깨어 있는 뇌가 꿈을 꾸고 몽상을 하며 가장 영리한 상태를 유지하고 있음을 과학적으로 보여주는 아주 놀랍고도 재밌는 책이다. 꿈꾸는 뇌에 관해 당신이 미처 알지 못했던 사실과 잘못 알고 있었던 것들, 거의 모든 호기심에 대한 답을 만날 수 있을 것이다.

스티븐 벌링 • 호주 〈모닝 쇼〉 디렉터

내게 생각하는 법을 가르쳐주신
아버지께

매일 밤
당신의 머릿속에서 펼쳐지는
경이로운 세계

나는 평생을 뇌를 알아가는 데 전념하며 살아왔다. 신경외과 의학 박사이자 신경과학 박사인 나는 뇌종양을 비롯해 뇌와 관련된 여러 질병을 앓고 있는 환자들을 치료하면서, 암이 원발암primary cancer(암이 처음 시작된 장기의 암)으로부터 뇌로 전이되는 과정을 규명하는 연구소를 운영하고 있다. 만약 내가 뇌에 대한 경외심이 없었다면, 뇌를 치료하고 연구하는 데 이토록 많은 시간을 쏟지는 못했을 것이다. 뇌에 대해 더 많이 알면 알수록 나는 뇌에 더 깊이 빠져들었다.

수십억 개의 신경세포와 그 사이 존재하는 수조 개의 연결로 이루어진 우리의 뇌는 한없이 복잡하다. 일생을 바쳐 이 무궁무진한 세계를 연구해오며 뇌종양 치료만큼이나 나를 강렬하게 사로잡은 분야가 있다. 바로 '꿈'이다. 나는 아주 오랫동안 꿈에 대한 본질적인 질문을 탐구했고, 그 답을 찾기 위해 노력해왔다. 우리는 대체 왜, 그리고 어떻게 꿈을 꾸는 것일까? 그리고 그 꿈은 정말 의미가 있는 것일까? 물론 이 질문을 던진 건 나뿐만은 아니다.

꿈을 신의 신성한 예언이라고 믿었던 고대 이집트인과 아리스토텔레스부터 찰스 디킨스Charles Dickens, 시인이자 인권운동가인 마이아 앤절로Maya Angelou, 크리스토퍼 놀런Christopher Nolan 감독과 넬슨 만델라Nelson Mandela, 그리고 브루클린의 래퍼 노토리어스 비아이지Notorious B.I.G.에 이르기까지, 꿈은 수많은 사상가들의 관심을 사로잡았고 발명과 예술, 의학과 심리학, 종교와 철학에 영감을 불어넣어 왔다. 또한 많은 이들이 꿈을 신이나 우리 영혼의 잠재의식, 천사 혹은 악마가 보내온 징조 또는 메시지로 여겼다. 꿈은 결혼이나 거래를 성사시키기도 하고 노래 가사나 과학적 혁신에 영감을 주기도 하며, 군사적 침략이나 신경쇠약을 일으키는 등 인간의 삶과 세상의 흐름을 바꿔왔다.

꿈은 너무나 현실적이면서 동시에 비현실적이기 때문에 인류의 문명사와 함께 뇌과학이 거듭 발전하고 있는 오늘까지도 우리는 꿈의 매력에 쉽게 빠져들고 만다. 우리는 꿈의 창조자인 동시에 꿈이 만들어내는 기묘한 세계에 무력하게 참여할 수밖에 없는 꿈의 종속자이기도 하다. 그래서 꿈은 내 머릿속에서 만들어지지만, 마치 시간과 자연의 법칙에 맞지 않게 편집된 자신의 홈 비디오 영상을 보는 것처럼 어디서 본 것 같으면서도 동떨어져 있는, 통제할 수 없는 존재처럼 느껴진다. 영국의 시인 바이런George Gordon Byron이 자신의 시에서 노래했던 것처럼 말이다.

> 잠에는 그만의 세계가 있어
> 생생한 현실이 광활하게 펼쳐진다
> 꿈에는 숨결이 있으며
> 눈물이 있고, 고통이 있고, 기쁨의 손길이 있어
> 깨어 있는 동안의 사색에 무게를 남기고
> 깨어 있는 우리의 수고의 무게를 덜어간다[1]

꿈은 우리의 눈물, 고통, 기쁨을 재현한다. 꿈이 '그만의 세계'에서 비일관적이고 비논리적으로 흘러간다는 특성을 생각하면, 꿈이 어떻게 깨어 있는 동안의 '나'에 대한 많은 것을 드러내며 자정작용을 한다는 것인지 이해하기 어려울 수 있다. 나는 이 책에서 뇌과학과 신경과학, 심리학을 토대로 당신이 자기 자신과 세상을 어떻게 바라보는지를 꿈이 생생한 그림처럼 보여준다는 것을 이야기하고자 한다. 꿈은 단언컨대 우리의 본성, 관심사, 그리고 가장 심오한 고민을 분명히 담고 있다. 내 꿈은 곧 나이며, 내가 곧 꿈인 것이다.

꿈이 보여주는 놀라운 잠재력의 세계

✳

꿈이라는 현상은 신비롭게 느껴지지만 그 원리는 전혀 그렇지 않다. 뇌는 우리가 살아 있는 모든 순간에 뇌 전체를 가로지르는 전류의 파동, 즉 전기로 진동한다. 꿈은 정상적으로 기능하는 뇌세포들의 전기적 활동이 만들어낸 현상이며, 모든 생명을 생물학적으로 지배하는 리듬, 즉 '낮과 밤'의 주기에 따라 매일 밤 잠을 잘 때 뇌에서 일어나는 놀라운 변화일 뿐이다.

하지만 그렇다고 해서 꿈을 그저 잠을 자는 동안 일어나는 생리 현상 정도로 무시해서는 안 된다. 꿈은 그야말로 또 다른 형태의 사고thinking이며, 꿈이 가진 이러한 정제되지 않는 거친 특성 덕분에 꿈은 늘 혁신의 잠재력을 품고 있기 때문이다. 예술, 패션, 디자인 분야의 비약적인 발전은 꿈에서 자연스럽게 나타나는 확산적 사고divergent thinking에 기반을 두고 있고, 인류가 육체적 진화를 뛰어넘어 번성할 수 있었던 이유는 모두 문화와 언어, 창의성 덕분인데 이 모든 것들의 중심에는 '꿈'이 있다.

오늘날 '꿈'이라는 단어는 현실에서 이루고자 하는 야망이나 이상을 뜻하기도 하고, 자는 동안 머릿속에 펼쳐지는 생생한 이야기를 의미하기도 하는 등 다양한 뜻으로 해석할 수 있다. 이런 해석을 뒷받침하듯 신경과학에서도 깨어 있을 때와 수면 중인 상태의 경계가 명확하지 않다고 본다. 왜냐하면 꿈속에서 우리는 마치 깨어 있을 때처럼 문제를 해결하고, 악기나 언어 혹은 춤을 배우기도 하며, 스포츠를 연습하고, 건강 상태에 대한 단서를 얻고, 미래를 예견하기도 하는 등 현실 속 문제를 해결하는 데 도움을 받기 때문이다. 비록 꿈에서 깨면 그 내용을 전부 잊어버린다고 하더라도 말이다. 이처럼 꿈은 여전히 우리의 마음을 형성하고 일상에 영향을 미친다.

더 나아가 자각몽lucid dream(꿈을 꾸는 중이라는 것을 스스로 깨닫고 있는 상태에서 꾸는 꿈)을 통해 꿈을 기억하고, 꿈을 미리 준비하거나 심지어 꿈속에서 꿈을 통제하는 법까지도 배울 수 있다. 가장 중요한 것은 꿈이 우리에게 '자기 이해self-knowledge'라는 선물을 선사한다는 것이다. 꿈을 해석함으로써 우리는 자기의 경험을 이해하고 새롭고 심오한 방식으로 자신의 감정을 깊이 탐구할 수 있다.

꿈은 참 이해하기 어려운 인지 형태다. 세상과 단절된 채로 홀로 겪는 주관적인 경험이기 때문에 꿈에 대한 많은 부분이 실험이나 과학적으로 입증할 수 있는 영역을 넘어설 때가 많다. 이 책에서 나는 연구의 불확실성과 연구자들 간의 의견 차이를 고려하면서, 꿈 그 자체와 꿈을 꾸는 현상에 대한 지식의 현황과 그 깊이를 정리하려고 노력했다. 그뿐 아니라 최신 연구와 뇌에 대한 지식을 바탕으로 내가 개발한 이론도 포함되어 있다. 한마디로 이 책은 꿈에 관한 다양한 분야의 정보를 종합한 결과물인 셈이다.

본격적으로 시작하기 전에 꿈이 펼치는 마법에 대해 잠시 생각해 보자. 꿈을 꿀 때 우리는 육체를 초월한다. 어느 순간, 더는 침대에 누워 있다는 사실조차 인식하지 못한다. 눈을 감고 있지만 앞을 볼 수 있으며, 몸은 가만히 있지만 꿈속에서 걷고, 달리고, 운전하며 심지어는 날 수도 있다. 또한 입은 다물고 있지만 우리가 사랑하는 사람들, 살아 있거나 세상을 떠난 사람들, 한 번도 만난 적이 없는 사람들과 대화를 나눈다. 현재에 존재하지만 시간을 거슬러 올라가거나 미래로 떠날 수도 있다. 오랫동안 가보지 못한 곳이나 상상 속에서만 존재하는 장소로 이동할 수도 있다. 우리는 전적으로 스스로가 만들어낸, 초월적인 잠재력을 가진 세상 속에 존재한다. 매일 밤 펼쳐지는 경이로움, 그것이 바로 꿈이다.

앞으로 우리는 '꿈'이라는 현상이 어떤 메커니즘으로 일어나는지, 그리고 꿈을 꾸는 이유는 무엇인지에 얽힌 흥미로운 이야기들을 살펴볼 것이다. 때로는 우리의 마음을 지켜주고, 숨겨진 욕망을 드러내기도 하며, 현실의 문제들을 해결할 수 있는 힌트를 제공하는 무한한 가능성의 세계, 꿈속으로 당신을 초대한다.

3장 • 꿈과 욕망
꿈속에서 펼쳐지는 욕망의 세계

4장 • 꿈과 창의력
꿈에서 얻은 상상력을 영감으로 삼은 사람들

5장 • 꿈과 건강

꿈이 당신의 건강에 대해 말해주는 것들

6장 • 꿈과 호기심

자각몽, 꿈의 주인공이 되다

7장 • 꿈의 활용법

자각몽을 꾸는 법

꿈과 진화

당신이 꿈을 꾸는 이유

무서운 사람에게 쫓기고, 이가 우수수 빠지고, 사랑하는 사람을 두고 다른 이와 바람을 피우는 '나에게만 보이는 이상하고 기괴한 이야기'들이 왜 한밤중 우리 머릿속에 펼쳐지는 걸까? 일어나면 기억조차 잘 나지 않는 꿈, 우리는 대체 왜 꿈을 꾸는 걸까?

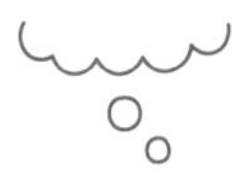

수술실에서 환자의 의식을 깨워둔 채로 진행하는 '각성 뇌 수술'을 할 때면, 나는 펜처럼 생긴 장치로 환자의 뇌에 직접 극소량의 전류를 흘려보낸다. 드러난 뇌의 주름진 표면은 반짝거리는 유백색이고, 그 사이사이에는 동맥과 정맥이 자리하고 있다. 환자는 의식이 있고 깨어 있지만, 뇌에는 통증을 느끼는 감각기관인 통각수용기가 없기 때문에 실제로 아픔을 느끼진 않는다. 하지만 전기 자극은 확실히 영향을 미친다. 내가 전류 장치로 뇌를 건드릴 때마다 뇌의 몇몇 부분이 활성화되어 제각기 다른 반응을 보이는데, 부위에 따라 환자는 어린 시절의 기억을 떠올리거나 레몬 냄새를 맡기도 하며 슬픔이나 당혹감, 심지어는 욕망을 느끼기도 한다.

각성 뇌 수술의 목적은 전기 자극에 아무런 반응을 일으키지 않는 정확한 위치를 찾는 것이다. 바로 그 위치가 뇌의 표면 조직을 절개해 종양까지 안전하게 도달할 수 있는 부분이기 때문이다. 미세한 전기 자극에 반응이 없다면 절개하더라도 기능적 손상은 발생하지 않는다.

각성 뇌 수술을 하면서 뇌의 가장 바깥쪽 층인 대뇌피질을 몇 밀리미터씩 체계적으로 자극하다 보면 환자들은 종종 기묘하고도 심오한 경험을 겪는다. 때로는 그 경험이 너무 강렬한 나머지 환자가 잠시 시술을 중단할 것을 요청하기도 한다. 대뇌피질은 그 두께가 5밀리미터도 되지 않지만 언어, 지각, 기억, 생각 등 자아를 구성하는 기능을 담당하고 있어 아주 적은 양의 전기 자극만으로도 환자들은 환청을 듣고, 충격적인 사건을 떠올리며 강렬한 감정을 경험하고, 심지어 꿈을 꾸기도 한다.

실제로 전기 자극으로 악몽이 촉발되기도 하는데, 뇌 표면의 특정 부분에 흘려보내던 전류를 멈추면 악몽이 멈추고, 같은 부분에 전류를 한 번 더 흘려보내면 똑같은 악몽이 다시 나타난다. 이런 식으로 반복되는 악몽은, 신경세포가 전기 신호를 저절로 반복하며 공포스러운 경험을 재생하는 것으로 보인다.

이렇듯 뇌 수술의 기술은 인류의 근원적인 질문 중 하나인 '꿈은 어디에서 오는가?'에 대해 논란의 여지없는 확실한 답을 준다. 꿈은 우리의 뇌, 특히 뇌의 전기적 활동에서 비롯된다는 것이다.

오랫동안 우리는 꿈의 진정한 기원을 제대로 밝혀내지 못했다.

인류 역사의 대부분에서 꿈은 신이나 악마 혹은 조상이 보내는 메시지, 혹은 우리의 영혼이 밤에 모험을 떠나 모아온 정보쯤으로 여겨졌다. 꿈이 어디에서 오는지 상상해볼 수 있는 마지막 장소였던 뇌는 꿈의 기원으로 여겨지지 않았다. 그 당시 사람들은 잠을 잘 때 정신(뇌)은 그저 휴면 중인 수동적인 상태라고 생각했기 때문이다. 외부로부터 아무런 자극도 받지 않고 있는 뇌가 무슨 수로 밤의 놀라운 환상을 만들어낼 수 있었겠는가? 그러니 꿈은 인간을 초월한 어떤 존재가 만들어내는 게 분명하다고 여겨졌다.

물론 지금은 꿈을 포함한 인간의 모든 의식이 전기 신호로 만들어진다는 것을 안다. 또한 꿈을 꾸고 있는 뇌도 깨어 있는 뇌만큼 활발하게 활동한다는 사실 역시 밝혀졌다. 실제로 수면의 특정 단계에서 뇌 전기 신호의 세기와 패턴을 측정하면 깨어 있을 때와 거의 동일한 수준의 세기와 패턴을 보인다. 특히 감정이나 시각을 관장하는 영역은 꿈을 꾸는 동안 오히려 더 많은 에너지를 소모할 때도 있다. 일반적으로 뇌는 깨어 있을 때 감정 변연계(생존과 관련된 반응이나 감정 및 기억과 관련된 기능을 가진 뇌의 부분)의 활동을 신진대사의 3~4퍼센트 정도로 조절하는 반면, 꿈을 꿀 때는 놀랍게도 15퍼센트까지 높일 수 있다. 다시 말해 우리가 꿈을 꾸는 동안, 깨어 있을 때는 생물학적으로 불가능한 강도의 감정에 도달할 수 있다는 뜻이다. 어떻게 보면 우리는 꿈을 꾸고 있을 때 가장 생생하게 살아 있는 셈이다.

꿈을 꾸는 뇌는 생생하게 보고, 깊이 느끼고, 자유롭게 움직이는 등 아주 분주히 움직인다. 꿈은 실제로 일어나는 일을 경험하는 것처럼 우리 몸과 마음에 깊은 영향을 미친다. 꿈에서 경험하는 '기쁨'은 생리학적으로 깨어 있을 때의 기쁨과 다르지 않고, 공포나 좌절, 성적 흥분, 분노, 두려움도 마찬가지다. 꿈속에서의 신체적 경험이 실제처럼 느껴지는 것 또한 같은 이유에서다. 꿈에서 달릴 때와 실제로 달릴 때 뇌의 동일한 부위가 활성화되고, 꿈속에서 연인의 손길을 느낄 때 역시 깨어 있을 때와 마찬가지로 감각 피질이 자극을 받기 때문이다. 꿈에 예전에 살았던 장소가 나타난다면, 이때는 시각적 인식을 담당하는 '후두엽'이 활성화된다. 이처럼 뇌는 꿈과 실제를 구분하지 못한다.

자신이 아예 꿈을 꾸지 않는다고 주장하는 사람들도 있지만, 실제로는 기억하지 못하는 것일 뿐 사실상 모든 사람이 꿈을 꾼다. 또한 꿈을 꾸는 것은 선택이 아니라 필수다. 만약 잠이 부족하다면, 우리는 잠들자마자 가장 먼저 꿈을 꾸게 되고, 잠이 충분해도 꿈이 부족하다면 잠든 후 바로 꿈을 꾸기 시작한다. 심지어 수면이 불가능한 경우에 생생한 꿈을 경험하기도 하는데, 치명적인 희귀 유전 질환으로 잠에 들지 못하는 '치명적 가족성 불면증Fatal Familial Insomnia'을 가진 환자들이 대표적인 예다. 그들은 꿈에 대한 욕구가 너무 강한 나머지 낮 시간에 꿈을 꾸기도 한다.

과거 꿈 연구자들은 지난 수십 년 동안 '꿈은 수면 주기 중 렘수면Rapid Eye Movement(자율신경성 활동이 불규칙적인 수면의 단계로, 보통 안구가 신속하게 움직이고 꿈을 꾸는 경우가 많다) 단계에만 이뤄지는 것'

이라고 판단해 그 단계에만 초점을 맞춰 꿈 연구를 진행했다. 이를 통해 연구자들은 대개 우리가 하루 두 시간 정도를 꿈을 꾸며 보내고, 이는 곧 인생의 약 12분의 1 정도를 꿈속에서 보내고 있는 것이라 결론지었다. 이 수치만으로도 이미 꿈에 엄청난 시간을 쏟고 있다고 느끼겠지만, 이마저도 과소평가된 것이라면 어떨까?

근래의 꿈 연구자들은 수면 실험실에서 자고 있는 실험 참가자들을 밤새 여러 시점에서 깨워 물어본 결과, 렘수면뿐 아니라 수면의 모든 단계에서 꿈을 꾸는 것이 가능하다는 사실을 발견했다. 즉, 우리는 인생의 거의 3분의 1을 꿈을 꾸는 데 쓰고 있을 가능성이 높은 것이다.

건강한 삶을 위한 수면의 중요성이 주목받고 있는 요즘, 앞서 이야기한 연구 결과들을 보자니 어쩌면 우리에게 정말 필요한 것은 잠이 아니라 꿈일지도 모른다는 생각이 들기도 한다.

꿈은 무엇으로 만들어지는가

✳

꿈은 정신 활동의 한 형태이지만 시각, 청각, 후각, 촉각과 같은 외부 자극에 의해 촉발되는 것이 아니라 저절로 자연스럽게 생겨난다. 어떻게 이런 일이 가능할까? 이를 이해하기 위해 '생각'의 기본 구성 요소이자 신경세포인 '뉴런'부터 시작해서 뇌를 자세하게 들여다보자.

뉴런은 뇌에서 전기적 연결을 형성하여 우리의 모든 생각을 만들어낸다. 우리가 꿈을 꿀 때 뉴런은 초당 수천 번씩 한꺼번에 발화한다. 이런 놀라운 힘을 지닌 뉴런이지만, 이들은 아주 연약하기 때문에 전기가 통하는 액체인 뇌척수액의 보호를 받는다. 이 뇌척수액에는 영양분과 이온이 많이 함유되어 있어 뉴런이 언제든 전기 신호를 보낼 수 있도록 도와준다.

우리 연구실을 비롯해 전 세계의 뇌 연구실에서는 대뇌 조직을 단일 세포 또는 개별 뉴런 수준까지 분리할 수 있다. 그렇게 분해한 뉴런 세포 한 개를 페트리 접시 위에 올려놓으면, 이 뉴런은 살아있기는 하지만 비활성화 상태다. 하지만 접시 위에 뉴런 세포를 몇 개 더 추가하면 상황은 달라진다. 뉴런 세포들이 스스로 덩어리로 합쳐지며 서로 미세한 전하(물체가 띠고 있는 정전기의 양)를 주고받기 시작하고, 이내 뉴런 덩어리에는 곧 전기가 흐른다. 놀라운 점은 이 과정에 그 어떠한 유도나 외부 자극도 없다는 것이다. 이와 같은 작용을 '자극 비의존적stimulus-independent 전기 활동'이라고 한다.

1,000억 개의 뉴런과 1,000억 개의 지지 세포(신경계에서 뉴런의 기능을 도와 지지 혹은 보호작용을 하는 세포)가 있는 뇌 전체에서도 이와 같은 현상이 일어난다. 뇌는 바깥세상이 자신을 흥분시키거나 자극하기를 한가롭게 기다리며 가만히 있지 않는다. 뇌에는 뇌 전체를 가로지르며 흐르는 자체적인 전류 파동이 있다. 이를 '자극 비의존적 인지'라고 하며, 이것이 외부와 단절된 상태에서도 뇌가 생각을 할 수 있는 이유이자, 우리가 꿈을 꿀 때 뇌에서 일어나는 일

이다. 이처럼 뇌는 외부의 자극이 없이도 활발하게 활동한다. 하지만 꿈이 펼치는 생생한 시각적 표현을 경험하기 위해서는 다음의 세 가지 현상이 수반되어야 한다.

첫 번째는 몸이 마비되는 것이다. 우리의 몸은 꿈을 꾸기 전에 근육을 활성화하는 척수 내 특수 세포인 '운동 뉴런'을 차단하는 글리신glycine과 감마아미노부티르산GABA이라는 두 가지 신경전달물질을 분비한다. 이를 통해 몸의 움직임을 억제한 덕분에 우리는 안전하게 꿈을 꿀 수 있다. 만약 자는 동안 몸이 마비되지 않는다면 꿈에서 펼쳐지는 상황대로 몸이 움직여 위험해질 수 있다.

두 번째는 뇌의 수행 네트워크Executive Network가 꺼지는 것이다. 수행 네트워크는 뇌 양쪽에 위치해 함께 활성화되는 구조로 구성되어 있으며 논리, 질서 및 현실 감각을 담당한다. 이 수행 네트워크가 꺼지면 우리는 시간, 공간, 이성의 일반적인 규칙을 무시할 수 있게 되고, 그 결과 기상천외한 꿈의 내용과 흐름을 의심 없이 받아들일 수 있게 된다. 꿈의 독특한 힘은 이러한 특성에서 나온다.

마지막으로 세 번째는 우리의 주의가 내면을 향한다는 것이다. 우리의 주의가 내부로 향하게 되면 뇌의 여러 곳에 분산되어 있는 서로 다른 부분들이 활성화되는데, 이를 통칭하여 디폴트 모드 네트워크Default Mode Network(멍한 상태이거나 몽상에 빠졌을 때 활발해지는 뇌의 영역)라고 한다. 그러나 이를 '기본 값'을 뜻하는 '디폴트 모드 네트워크'라고 부른다고 해서 뇌가 수동적인 상태에 있다는 뜻은 아니다. 따라서 이 책에서는 오해의 소지가 없도록 이 영역을 '상상력 네트워크Imagination Network'라고 부르고자 한다. 이는 뇌 속의 네트워크와 상상력 사이의 연관성 때문에 이미 일부 과학계에서 사용하고 있는 용어이기도 하다.

깨어 있긴 하지만 어떤 작업이나 활동에 몰두하고 있지 않을 때, 우리의 뇌는 마치 커서를 깜빡이며 명령을 기다리는 컴퓨터처럼 텅 빈 상태가 되는 대신 수행 네트워크에서 상상력 네트워크로 자연스럽게 모드를 전환해 우리의 주의를 외부에서 내부로 돌린다. 상상력 네트워크가 활성화되면, 우리의 마음은 자유롭게 유영하며 이리저리 방황하다가 종종 뜻밖의 깨달음을 얻기도 한다. 이렇게 바깥세상이 우리의 주의를 끌지 못할 때는 상상력 네트워크가 우리의 뇌를 지배한다.

우리가 일상생활을 할 때 기본적으로 수행 네트워크와 상상력 네트워크가 번갈아가며 각자의 역할을 수행한다. 당신이 글을 읽고 있는 이 순간에는 수행 네트워크가 활성화되어 있을 것이다. 하지만 그렇다고 해서 상상력 네트워크의 전원이 완전히 꺼져 있는 것은 아니다. 상상력 네트워크는 수행 네트워크가 집중하고 있는 동안 끼어들 틈이 생기기만을 호시탐탐 노리고 있다. 그러다 이내 틈이 생기면 우리의 주의가 내면을 향하고 상상력 네트워크가 활성화된다. 이때, 상상력 네트워크는 우리 머릿속 어딘가에 흐릿하고 서로 관련이 없는 듯한 기억들 사이의 느슨한 연관성을 찾아내 가상의 시뮬레이션을 시각화한다. 수행 네트워크가 지배하는 이성적인 두뇌였다면 너무 터무니없는 상상이라며 무시해버렸을 테지만, 상상력 네트워크 덕분에 꿈을 꾸는 뇌는 깨어 있는 뇌와는 전혀 다른 방식으로 자유분방하게 사고할 수 있다.

꿈을 만들어내는 상상력 네트워크

*

상상력 네트워크는 꿈이라는 경험의 핵심이다. 이를 통해 우리는 눈을 감고 있어도 '볼 수' 있다. 실제로 꿈을 꾸는 사람의 눈에 밝은 빛을 비추면, 눈을 뜨지 않았음에도 눈부시다고 생각한다. 이렇듯 꿈을 꾸는 것은 마치 어두운 극장에서 영화를 보는 것과 같다. 고대 그리스인들이 꿈을 경험할 때 꿈을 '꾼다'가 아니라 꿈을 '본다'고 표현한 것도 바로 이 때문일 것이다.

상상력 네트워크가 활성화되면 생각이 즉흥적으로 떠오른다. 페트리 접시 위에 놓인 뉴런 덩어리가 아무런 외부 자극 없이도 전기 활동으로 살아 움직이는 것처럼, 꿈꾸는 뇌는 주변 세계와 거의 차단된 상태에서도 전기적 활동으로 살아 움직인다. 이 때문에 상상력 네트워크를 뇌의 암흑 에너지(우주를 가속 팽창시키기 위해 전 우주에 걸쳐 분포할 것으로 추정되는 가상의 에너지)에 비유하기도 한다. 이렇게 상상력 네트워크는 무無에서 유有를 창조하고 백지 상태에서 이야기를 만들어낸다.

하버드 의과대학의 정신의학 교수인 에드워드 페이스-쇼트Edward F. Pace-Schott는 상상력 네트워크야말로 기억, 인물, 지식, 감정을 일관된 이야기로 이어주는 진정한 스토리텔링 기관이라고 설명했다.[1] 상상력 네트워크가 만드는 자유분방한 이야기는 무에서 창조된 것이지만 심오한 의미를 내포한다. 인간의 뇌는, 자신의 기억과 현실 사이에 괴리가 있을 때 그 간극을 메우기 위해 스스로 이야기를 만들어낸다. 특정 유형의 부분 기억상실증 환자도 이와 비슷한 행동을 보이는데, 그들은 기억나지 않는 일과 관련된 질문을 받으면 기억이 나지 않는다고 말하기보다 자연스럽게 이야기를 지어낸다. 알츠하이머병 환자도 가끔 이런 행동을 보이곤 하는데 이 역시도 상상력 네트워크가 가진 힘이며, 그 덕분에 꿈속의 줄거리도 매끄럽게 흘러간다.

우리는 스스로 꿈을 만들어내긴 하지만, 꿈속의 일들을 마음대로 조종할 수 있는 경우는 거의 없다. 그런 의미에서 우리는 꿈의 감독이라기보다는 주연 배우에 가깝다. 하지만 그렇다고 해서 우리가 완전히 꿈과 분리되어 있다고 볼 수 없다. 오히려 스스로 제어할 수 없는 자동차의 운전석에 앉아 있는 것과 비슷하다. 우리는 여전히 꿈속에서 주인공을 연기하며 꿈속의 경험에 푹 빠져 있지만 꿈이 어디로 향하는지, 앞으로 어떻게 전개될지 의식적으로 조종하지 않을 뿐이다.

꿈을 꿀 때 신기한 것 중 한 가지는 꿈속에서 나라는 존재가 완전히 형상화되어 다른 인물들과는 별개로 존재한다는 것이다. 하지만 그렇다고 해서 현실의 나와 꿈속의 내가 완벽히 동일하다는 것은 아니다. 꿈속의 나는 현실에서보다 더 젊을 수도 있고, 나이가 많을 수도 있으며 심지어는 성별이 달라지는 경우도 있다. 또한 꿈속에서는 자신을 꿈속 다른 인물들과 동떨어진 독특한 존재라는 느낌을 받기도 한다.

이렇듯 우리의 꿈속 자아는 여러 가지 기억을 넘나들며 만들어지는 꿈의 서사 안에서 움직이고 반응한다. 꿈의 세상이 보여주는 기상천외한 연출 속에서 우리는 깨어 있을 때보다 더 강하거나 약한, 혹은 더 적극적이거나 더 소극적인 존재로 행동하기도 한다. 이런 의미에서 우리는 깨어 있는 자아와 꿈속의 자아, 즉 여러 가지의 자아를 가지고 있다고 생각할 수도 있다.

꿈을 꾸는 뇌는 다른 순간과 비교했을 때 얼마나 독특할까? 사실 우리는 깨어 있는 동안에도 마치 꿈을 꾸듯 백일몽(대낮에 꿈을 꾼다는 뜻으로, 실현될 수 없는 공상을 이르는 말) 속에서 시간과 장소, 주제를 넘나들며 상상의 시나리오를 써내려가기도 한다. 하지만 백일몽과 꿈은 엄연히 다르다. 예를 들어 백일몽은 '하와이에서 휴가를 보내면 얼마나 좋을까?' 혹은 '직장을 그만두면 어떻게 될까?'와 같은 일종의 유도적 사고에 불과하다.

그렇다면 환각제는 어떨까? 환각제는 흔히 꿈꾸는 듯한 느낌을 불러일으키기도 하지만, 이것 역시 꿈과는 다르다. 상상력 네트워크는 꿈을 꿀 때는 완전히 활발한 상태이지만, 환각제를 복용했을 때는 오히려 덜 활성화된다. 그리고 꿈꾸는 사람이 이야기의 주인공으로서 전개되는 꿈과 달리, 환각제를 먹고 난 뒤의 경험은 '나'와는 동떨어져 있으며 비실체적이다.

꿈을 꿀 때와 조금이나마 비슷한 상태를 얘기하자면, 흔히 딴생각이라고도 부르는 '마음이 방랑할 때Mind Wandering'라고 할 수 있다. 이는 생각의 방향을 전혀 정하지 않은 채로 특정한 과제나 목표에 대한 지향성 없이 생각이 연이어 떠오르는 순간을 말한다. 마음이 자유롭게 방랑하는 것과 꿈을 꾸는 것 모두 방향성이 없다는 점에서 유사하다. 그러나 이 두 경우에도 차이점은 있다. 마음이 방랑할 때는 여전히 수행 네트워크가 우리를 지배하기 때문에 꿈을 꿀 때만큼 자유롭지 못하다. 그러므로 꿈의 제약 없는 자유로움만이 우리를 깨어 있는 삶에서는 불가능한 세계로 데려다준다.

꿈에도 규칙이 있다

✳

꿈의 야성적이고 자유분방한 특성상 꿈은 늘 우리를 터무니없는 상황과 비합리적인 시간, 장소로 이동시킨다. 하지만 꿈에도 나름의 한계가 있다. 즉, 일종의 규칙이 있다는 뜻이다. 상상력 네트워크는 꿈을 꿀 때 우리의 마음을 자유롭게 해방시키지만, 꿈이 한없이 무작위적인 것은 아니다. 꿈의 범위를 한 명의 꿈에서 만 명의 꿈으로, 더 나아가 고대에서부터 시작된 수천, 수만 개의 꿈의 기록들로 확대하면, 그 사이 숨어 있는 꿈의 규칙이 드러난다. 인류의 일상과 삶의 방식은 크게 변화했지만 꿈의 내용은 오랜 세월 동안 거의 변하지 않았다. 오늘날 우리가 흔히 꾸는 꿈은 파라오 시대의 이집트나 카이사르 시대의 로마 사람들이 꾸는 꿈과 크게 다르지 않다는 뜻이다. 1,800여 년 전 중국의 수면 장애에 대한 기록에는 날아다니는 꿈, 떨어지는 꿈, 야경증(자다가 갑자기 깨어 비명을 지르는 등 공황 상태를 보이는 질환) 등이 적혀 있다. 이 꿈들, 어딘가 익숙하지 않은가?

1950년대에 일본과 미국의 대학생을 대상으로 이뤄진 설문조사의 결과도 꿈들이 얼마나 유사한 특징을 가지고 있는지를 잘 보여준다. 두 나라의 학생들에게 "이런 꿈을 꿔본 적이 있습니까?"라는 질문과 함께 수영하는 꿈, 벌거벗고 있는 꿈, 산 채로 묻히는 꿈 등 다양한 꿈 소재의 목록을 제시했다. 그 결과, 지구 반 바퀴 떨어진 두 나라 학생들의 대답은 놀라울 정도로 비슷했다. 먼저, 일본 학생들이 경험한 상위 다섯 가지 꿈의 내용은 다음과 같았다.

- 공격당하거나 쫓기는 꿈
- 높은 곳에서 떨어지는 꿈
- 어떤 일을 몇 번이고 반복하는 꿈
- 학교나 선생님, 공부에 대한 꿈
- 공포로 몸이 얼어붙는 꿈

미국 학생들의 상위 다섯 가지 꿈의 내용은 다음과 같았다.

- 높은 곳에서 떨어지는 꿈
- 공격당하거나 쫓기는 꿈
- 어떤 일을 몇 번이고 반복하는 꿈
- 학교나 선생님, 공부에 대한 꿈
- 성적 경험에 대한 꿈 (일본 학생들 대답에서는 6위에 해당했다.)

50년 후, 중국과 독일의 학생들을 대상으로 비슷한 설문조사를 실시했는데, 이 두 나라의 학생들도 놀라울 정도로 비슷한 대답을 내놓았다. 중국 학생들의 상위 다섯 가지 꿈의 내용은 이랬다.

- 학교나 선생님, 공부에 대한 꿈
- 공격당하거나 쫓기는 꿈
- 높은 곳에서 떨어지는 꿈
- 기차를 놓치는 등 무언가에 지각하는 꿈
- 시험에서 떨어지는 꿈

독일 학생들의 경우는 다음과 같았다.

- 학교나 선생님, 공부에 대한 꿈
- 공격당하거나 쫓기는 꿈
- 성적 경험에 대한 꿈
- 높은 곳에서 떨어지는 꿈

- 기차를 놓치는 등 무언가에 지각하는 꿈

어떻게 서로 다른 나라에서 반세기 간격으로 실시된 꿈 설문조사가 이렇게 비슷한 결과를 낳을 수 있었을까? 이는 어쩌면 사람들이 겪는 일상적 경험과 연관이 있을 수 있다. 미국, 일본, 독일, 중국은 모두 현대 산업 사회로 서로 비슷한 꿈을 꿀 만큼 살아온 삶의 모습이 유사했을 수 있다. 그렇다면 선주민 문화권에 사는 사람들의 꿈은 어떨까?

1960년대와 1970년대의 인류학자들이 이에 대해 조사한 연구가 있다. 이들은 호주의 이르 요론트Yir Yoront 부족, 멕시코의 사포텍Zapotec 부족, 브라질의 메이나쿠Mehinaku 부족과 같은 선주민들의 꿈에 대한 기록을 수집하여 공격성, 수동성, 성적 내용과 같은 꿈의 주제를 분석했다. 이를 미국인들의 꿈의 특성과 비교한 결과, 선주민 문화권의 사람들과 미국인들의 삶의 경험에 엄청난 차이가 있음에도 불구하고 주제는 대부분 일치한다는 사실을 알아냈다.

예를 들어, 선주민 문화권과 미국의 꿈 기록을 보면, 남성은 다른 남성에 대한 꿈을 많이 꾸는 반면, 여성은 남성과 여성에 대한 꿈을 거의 비슷한 빈도로 꾸는 것으로 나타났다. 또한 두 비교 집단 모두에서 남성과 여성 관계없이 꿈에서 가해자가 되기보다는 피해자가 될 가능성이 더 높았으며, 성적인 꿈이 10퍼센트 미만이었던 것도 일치했다.

이렇듯 우리는 어떤 언어를 사용하든, 사는 곳이 도시이든 시골이든, 선진국이든 개발도상국이든, 또 부나 지위와도 관계없이 전 세계적으로 매우 유사한 꿈을 꾼다. 이처럼 시간과 장소를 초월한 꿈의 연속성을 비추어 볼 때, 꿈의 특징과 내용은 문화, 지리, 언어의 차이에 크게 영향을 받지 않고 신경생물학적이자 진화적 기능으로서 우리의 DNA에 내재되어 있다고 결론을 내리는 것이 타당해 보인다. 그러므로 앞으로 이 책을 읽는 동안, '꿈은 신경생물학적 기원의 범위 안에서 존재한다'는 사실을 기억해주길 바란다. 즉, 꿈은 무한히 자유분방한 것이 아니며, 마치 마법처럼 보이긴 해도 일정한 경계를 가지고 있다.

이뿐만 아니라 꿈은 꿈만의 독특한 방식으로 규칙을 따른다. 예를 들어, 꿈을 꾸는 동안 수학 능력은 쓸모가 없으며, 읽기나 쓰기, 컴퓨터 사용과 같은 다른 인지 과정(사물을 기존의 지식이나 경험에 관련시키거나 지각된 것을 해석하여 사물을 이해하는 심리적 과정)도 거의 사용되지 않는다. 수행 네트워크가 관장하는 논리가 없는 상태에서 이러한 인지 과정은 불가능에 가깝다.

또한, 예를 들어 휴대전화가 말을 타는 꿈이나, 사물이 사람으로 변하는 꿈 혹은 그 반대의 꿈을 꾸는 경우는 거의 없다. 셰익스피어의 『한여름 밤의 꿈』에서는 등장인물이 동물로 변하지만, 꿈속에서 사람이 동물로 변신하는 경우는 극히 드물다. 꿈속에서 어떤 물체가 다른 물체로 변할 때는 기존의 형태와 비슷한 것으로 변할 가능성이 높다. 예를 들면 자동차가 자전거로 변하거나, 시내버스가 통학버스로 변하거나, 혹은 집이 성으로 변하거나 어떤 집이 다른 집으로 변하는 식이다. 즉, 꿈의 전개는 우리 기억의 의미 지도semantic maps를 따른다.

의미 지도란 우리가 세상을 구성하는 사람, 사물, 장소 등을 분류하는 방식이다. 의미 지도를 포도송이라고 생각하면 이해가 쉽다. 한 송이는 교통수단의 묶음일 수 있고, 또 다른 송이는 주거 형태의 묶음일 수 있다. 꿈을 꾸는 동안 우리의 마음은 연상 과정을 통해 전개되면서 같은 포도송이, 비슷한 의미의 묶음에 머무르는 경향이 있다. 즉 한 교통수단이 다른 교통수단으로 바뀌고, 한 유형의 주거지가 다른 유형의 주거지로 바뀌는 것이다. 이는 우리가 아는 한, 인간이 꿈을 기록하기 시작했을 때부터 아주 오랫동안 꿈이 따라온 방식이다.

인간은 꿈에서도 관계를 탐구한다

*

인류의 역사 속에서 꿈에 관한 이야기가 놀라울 정도로 일관성을 유지해온 것은, 꿈이 감정과 인간관계에 초점을 맞추는 경향이 있기 때문은 아닐까? 꿈을 꾸는 우리의 마음은 어떠한 선입견이나 판단 없이 모든 종류의 가상 시나리오를 전개한다. 그렇기 때문에 꿈속에서는 깨어 있을 땐 상상도 할 수 없고, 어쩌면 꺼려지기까지 하는 상황(현실 속 나와 다른 성별이 되거나 다른 성적 취향을 가지는 등의 특수한 대인 관계 상황 등)에 놓일 수도 있다. 이러한 꿈의 상황은 주로 '이럴 때 나는 어떤 기분일까?'와 같은 감정의 렌즈를 통해 펼쳐진다.

정서적, 사회적 측면에 초점이 맞춰진 꿈은, 1950년대 이후 우리의 삶을 급격히 변화시킨 기술의 영향을 크게 받지 않는다. 꿈에 대한 기록에서 텔레비전, 컴퓨터, 인터넷, 스마트폰은 거의 등장하지 않기 때문이다. 디지털 생활이 꿈에 어떤 영향을 미치는지에 대해서는 연구가 계속해서 이루어지고 있다. 지금까지의 연구에 따르면 현재 우리의 소셜 미디어 중독도 꿈의 세계를 침범하지는 못한 것으로 보인다.

인간관계에 초점을 맞춰 흘러가는 꿈의 경우, 상상력 넘치는 꿈이 인간들에게 새로운 사회적 실험의 기회를 제공해준다. 이렇듯 우리에게 새로운 사회적 실험의 기회를 제공하는 것이다. 이렇듯 꿈은 인간들에게 다양한 인간관계의 모습을 보여주며 때론 믿기 어렵고, 또 때로는 깊은 감동을 주기도 하며 우리의 사회적 지능을 길러준다. 이러한 꿈의 핵심적인 특징은, 상상력 네트워크의 한 영역이자 인간의 뇌에서 가장 나중에 진화적 진보를 이룬 '내측 전전두피질medial prefrontal cortex'과 관련되어 있다.

내측 전전두피질은 뇌의 정중앙이자 콧등 위 이마 뒤쪽에 있는 전두엽의 좌우에 위치한 신경세포 다발이다. 여기서 '전전두prefrontal'라는 것은 전두엽의 맨 앞쪽을 의미하며, 우리의 이마가 볼록한 것도 전전두피질이 이마 바로 뒤에 자리하고 있기 때문이다. 이곳은 신생 뉴런이 발달하는 영역으로, 우리를 더 사회적이고 인간답게 만드는 진화 과정을 담당한다.

깨어 있는 상태에서 내측 전전두피질은 나와 타인의 관점을 모두 고려할 수 있는 능력을 갖추고 있다. 지난 3,000년에서 5,000년 동안 인간의 뇌는 점점 작아졌지만 사회적 지능은 오히려 증가했는데, 이는 바로 내측 전전두피질 덕분이다. 이 영역이 손상되면 공감 능력이 부족해지고, 사회적 의사 결정 능력이 저하되며, 사회적 관습을 따르지 못하게 된다. 또한 새로운 정보를 접한 후에도 다른 사람에 대한 첫인상이나 판단을 바꾸기 어렵게 된다.

우리가 꿈을 꿀 때 수행 네트워크가 한발 물러나고 상상력 네트워크가 뇌를 지배하면 내측 전전두피질도 해방된다. 꿈속에서 자기의 생각, 감정, 의도뿐 아니라 다른 등장인물의 생각과 감정도 느낄 수 있는 것은 내측 전전두피질이 기능하고 있기 때문이다. 이렇게 자기와 관련된 다른 사람들의 입장을 헤아리는 능력을 속칭 '마음 이론Theory of Mind'이라고 한다.

마음 이론은 우리가 자신의 신념, 욕구, 감정을 이해하고, 이를 바탕으로 우리가 교류하는 사람들의 신념이나 감정을 유추할 수 있게 해준다. 나와 타인의 정신 상태를 추론하는 능력은 어린 시기부터 형성되며 집단, 커뮤니티 또는 사회에서 성공적으로 어울리며 활동하는 데 필수적인 능력으로 간주된다. 자폐증이나 조현병, 사회 불안 장애(사회적 관계나 사회적 상황에서 공포나 불안을 경험하는 장애)와 같은 질환을 앓고 있는 사람들은 이러한 능력에 문제가 있어 사람들과의 교류에 어려움을 겪기도 한다.

어떤 사람이 왜 그렇게 행동하는지, 그리고 앞으로 어떻게 행동할지 이해하게 해주는 마음 이론은 꿈을 꾸는 가상의 상황에서 내가 어떻게 느낄지, 그리고 이 시나리오에서 다른 사람들이 나에 대해 어떻게 느낄지 등 다양하게 생각하는 것을 가능하게 한다. 이를 통해 우리는 실제로도 그룹 안에서 서로 소통하고, 함께 문제를 해결하며 공동의 목적을 가지고 일하는 능력이 향상될 수 있다. 마음 이론은 꿈꾸는 상태에서 가장 활발히 작동하며, 꿈 안에서 복잡한 사회적 시나리오와 상상력을 자극하는 사고 실험을 통해 배운 것들이 깨어 있는 현실의 삶에 큰 도움을 준다.

이렇게 꿈속에서 사고 실험을 반복하는 동안, 감정과 기억, 각성을 담당하는 우리의 변연계는 깨어 있을 때는 불가능한 수준까지 활성화된다. 이렇게 극도로 활성화된 감정 상태는 우리의 사회적 지능과 통찰력을 향상시킨다.

감정은 사회적 능력에 얼마나 중요할까? 만약 변연계가 손상되어 뇌의 이성적인 영역과 연결된 사고를 하지 못하게 된다면, 우리는 사회적인 세계를 이해하거나 단순한 결정도 내릴 수 없게 된다. 또한 사람들 사이의 사회적 신호를 이해하지 못하거나, 공감하지 못해 타인과 적절하게 교류하지 못할 수 있다. 일반적으로, 무언가를 판단할 때 감정이 섞여서는 안 된다고 믿는 사람이 많지만, 사실 감정은 사회적 상황에서 최적의 판단을 내리는 데 필수적인 요소이다. 이런 이유로 나는 감정이라는 능력이 우리의 집단적 진화를 이끌어 왔다고 믿는다.

꿈은 깨어 있는 삶을 보여준다

*

대부분의 사람들은 자신이 누구인지에 대해 분명한 인식을 가지고 있다. 자신의 외모는 물론, 과거에 했던 일에 대한 기억, 미래에 되고 싶은 모습에 대한 생각 등을 가지고 있으며, 각자 자신만의 신념과 가치관, 좋아하는 것과 싫어하는 것에 대한 취향이 있다. 이 모든 것이 한데 모여 '나'라는 세밀한 자화상이 만들어진다. 하지만 꿈속의 주인공으로서 당신은 어떤 모습인가? 깨어 있을 때의 자화상과 같은 모습을 하고 있는가?

20세기 중반, 미국의 연구자 캘빈 홀Calvin Hall과 로버트 밴 더 캐슬Robert Van de Castle은 꿈을 각각의 구성 요소로 세분화하는 시스템을 개발했다.[2] 이 기법은 꿈에 몇 명의 인물이 등장했는지를 파악하고, '등장인물은 개인, 집단 또는 동물 중 무엇이었나?' '성별은 무엇이었는가?' '공격적인 내용의 꿈이었는가?' '만약 그렇다면 꿈을 꾸는 자신은 가해자였는가, 아니면 피해자였는가?' 등의 여러 가지 질문을 통해 꿈의 세부적인 내용을 분석한다.

이들은 이 연구를 통해 꿈을 꾸는 사람이 거의 항상 그 꿈의 주인공이며, 꿈에는 일반적으로 다섯 명 정도의 인물이 등장하고 줄거리는 행운보다는 불행, 친절보다는 공격적인 방향으로 치우칠 가능성이 높다는 사실을 발견했다. 이 시스템을 이용하여 연구자들은 우리가 매일 꾸는 꿈의 대부분이 기괴하고 별난 것이 아니라 일상의 평범한 내용임을 보여주었다.

꿈은 깨어 있는 생활의 연속이라는 가설을 '꿈의 연속성 가설'이라고 한다. 연속성 가설은 꿈이 우리가 깨어 있을 때의 삶을 완벽하게 반영하는 것은 아니더라도, 우리의 성격과 가치관, 욕구를 반영하며, 깨어 있을 때의 감정적인 집착과 관심사 또는 욕구와 이어진다고 말한다. 이 이론에 따르면, 꿈의 70퍼센트 정도는 개인적인 관심사와 개념에 대한 '구체화된 시뮬레이션'에 해당한다고 한다.[3]

회사에서 힘든 하루를 보낸 날 상사가 꿈에 나타나거나, 사랑하는 가족이 세상을 떠난 지 얼마 지나지 않아 꿈에 나타난 경험이 있는 사람이라면 누구나 우리 일상의 요소가 꿈에 등장한다는 것을 알고 있다. 직장에 다니며 아이를 키우는 여성들과 주로 집에 있는 전업주부 여성들을 비교한 연구에 따르면, 직장에 다니는 엄마들이 전업주부인 엄마들보다 꿈에서 더 자주 불쾌한 감정을 겪고, 더 많은 남성 인물이 등장했으며, 집이나 주거 환경이 등장하는 횟수는 더 적은 것으로 나타났다.

하지만 우리가 잘 알고 있듯이 꿈은 일상적인 삶과 전혀 다를 때도 많다. 꿈에는 일상과의 연속성만큼이나 불연속성도 함께 존재한다. 꿈속에 등장하는 일상은 대부분 왜곡되거나 맥락에서 벗어나 있는 경우가 많다. 결국 꿈이란 건, 현실과 비현실을 섞어 만든 이상한 칵테일인 셈이다.

그렇다면 일상은 꿈에 얼마만큼 반영되고 있을까? 이를 알아보기 위해 연구자들이 한 실험을 진행했다. 이 실험에서 연구자들은 컬러 고글, 몰입형 비디오 게임 등 여러 가지 기술을 사용해 참가자들의 일상에 큰 변화를 주었다. 그리고 이 일상의 변화들이 꿈에 어떻게 반영되는지 살펴봤다. 짐작했겠지만, 꿈이 바뀐 현실을 완벽하게 재현하는 경우는 거의 없었다. 하지만 하루 종일 붉은색 고글을 착용한 사람들은 간혹 붉은색으로 꿈을 꾸었고, 꿈의 일부분만이 고글과 같은 색을 띠는 경우도 있었다.[4] 세상이 거꾸로 뒤집혀 보이는 '반전 고글'을 착용했던 참가자들의 경우, 꿈속 세상이 뒤집히지는 않았으나, 일부 사물들이 뒤집어진 채로 등장하기도 했다.[5] 몰입형 비디오 게임의 경우 게임의 일부 요소들이 꿈에 등장하긴 했지만, 게임을 그대로 재현한 꿈을 꾼 경우는 거의 없었다.

시간이 지남에 따라 사람들은 각자의 고유한 꿈 패턴을 가지게 되는데, 그렇다고 해서 꿈이 일상생활을 충실히 재현하는 것은 아니다. 홀과 그의 동료는 도로시아(가명)라는 한 미국 여성의 꿈 649개를 분석했다. 도로시아는 스물다섯 살이었던 1912년부터 1965년에 78세의 나이로 세상을 떠나기 전까지 자신이 꾼 꿈을 일기장에 기록해왔다. 50년에 걸친 그의 꿈 일기에는 다음의 몇 가지 주제가 전체 꿈의 4분의 3에 달할 정도로 놀라운 빈도로 나타났다.

- 음식에 대한 꿈이나 먹는 꿈
- 물건을 잃어버리는 꿈
- 아주 작거나 어질러진 방에 있는 꿈, 혹은 다른 사람이 자신의 방을 침범하는 꿈
- 어머니와 함께 있는 꿈

- 화장실에 가는 꿈
- 지각하는 꿈

이러한 꿈의 패턴은 수십 년간 놀라운 일관성을 보였다. 만약 당신이 도로시아의 꿈 일기를 100개 정도 읽어본다면, 내용만으로도 그것이 도로시아의 꿈인지 아닌지 어느 정도 알 수 있을 것이다. 그렇다고 해서 이런 꿈이 그의 실제 삶에 대한 단서를 제공한 것은 아니다. 도로시아가 8남매 중 둘째였고, 중국에서 활동하는 선교사 사이에서 태어났으며, 열세 살에 미국으로 돌아왔고, 서른여덟 살에 심리학 박사 학위를 받은 후, 은퇴할 때까지 결혼하거나 아이를 낳지 않고 교직에 있었다는 사실을 꿈에서는 알 수 없기 때문이다. 도로시아의 꿈을 통해 유추할 수 있는 최대한의 정보는 그의 가치관이나 관심사들뿐이다.

같은 이유로 연구자인 홀 자신도 환자들의 꿈으로 개개인의 성격과 특성을 파악하는 데 어려움을 겪었다. 홀은 1963년에 에베레스트산 원정대로 나선 대원 열일곱 명의 꿈을 연구한 적이 있는데, 그 중 두 명이 가장 인기 있고, 심리적으로 성숙하며, 최고의 리더가 될 것이라고 생각했다. 하지만 그의 예상은 완전히 빗나갔다. 홀이 예상했던 두 명은 오히려 가장 인기가 없는 축이었고, 미성숙했으며 사기를 진작시키거나 대원들을 이끌기에 부족함이 많은 사람들이었다. 이후 홀은 꿈의 내용만을 가지고 원정대 대원들의 행동과 성격을 판단하려고 했던 것이 엄청난 오판이었음을 깨달았다고 썼다. 홀의 오판은 깨어 있는 현실을 반영하는 데에 있어서 꿈의 한계를 보여주었다. 즉, 꿈은 현실의 왜곡된 거울에 불과하다.

아이들의 꿈은 어떻게 발달할까

*

이제는 모두 훌쩍 자라 대학생이 되었지만, 나는 여전히 세 아들들의 어린 시절을 선명하게 기억한다. 처음으로 지은 미소, 처음으로 말한 단어, 첫걸음마, 유치원 등원 첫날…. 여느 부모와 마찬가지로 나도 아이들이 이러한 성장의 이정표에 도달할 때마다 설레기도 하고 안도하기도 했다. 이렇게 어린아이가 성장하고 세상을 경험하면서 가장 중요하게 발달하는 곳이 바로 뇌다. 뇌의 성장은 눈에 보이진 않지만, 다른 신체의 성장과 마찬가지로 아주 중요하며 특히 꿈이 발달하는 데 필수적이다.

꿈을 꾸는 능력은 발달하는 데 시간이 걸리는 중요한 인지 기능 중 하나다. 사실 우리는 꿈을 꾸기 전에 걷고 말한다. 4세 전후로 시각적 공간 능력이 발달하면서 꿈을 꾸는 능력도 함께 발달하는데, 이는 깡충깡충 뛰고, 한 발로 균형을 잡고, 공을 잡는 방법을 배우는 것과 거의 비슷한 시기다.

아이들이 꾸는 꿈이 어떻게 발달하고 진화하는지를 오랫동안 추적한 연구들 덕분에 과거에 비해 아이들의 꿈에 대해 점점 많은 사실을 알 수 있게 되었다. 어떤 경우는 연구 대상의 어린이들과 그

가족들을 대상으로 아이가 청소년기를 지나 성인이 된 후에도 수십 년에 걸쳐 그들의 꿈을 분석하기도 했다. 이러한 심도 있는 연구들 덕분에 아이들의 꿈은 깨어 있을 때의 상상력과 함께 성장한다는 사실이 밝혀졌다.

아이들이 처음 보고하는 꿈은 사실 우리가 일반적으로 인식하고 있는 개념의 꿈으로 보기 어렵다. 성인이 꿈을 가장 많이 꾸는 수면 단계에서 3~5세 사이의 자고 있는 어린이를 깨워 물어봐도, 그들이 꿈을 꾸고 있었다고 답하는 경우는 거의 없기 때문이다. 혹여 꿈을 꾸고 있다고 하더라도 그 꿈에는 동작이나 움직임이 포함되지 않는다. 동영상보다는 정지된 사진에 가까운 것이다. 어린아이의 꿈속은 움직임이나 사회적 상호작용이 거의 없고, 일반적으로 꿈꾸는 아이가 꿈의 주인공으로서 참여하지 않는다.

3~5세 아이들의 꿈에는 공격성이 나타난다거나 불행한 일을 겪는 등 부정적인 감정이 나타나는 경우가 드물다. 이 나이대의 아이들이 꾸는 꿈에는 두 가지 특징이 두드러지게 나타나는데, 첫 번째는 동물이 등장한다는 것이고, 두 번째는 배고픔이나 피로와 같은 신체 상태에 대한 내용이 꿈에 나온다는 것이다. 예를 들어 새가 지저귀는 꿈을 꾼다거나, 식탁 위에서 잠을 자는 꿈 등을 꾼다. 흥미롭게도 어린아이들의 꿈속에 등장하는 동물은 자신의 반려동물이 아니라 동화, 만화, 이야기 속 동물인 경우가 많다. 이를 설명하는 가설 중 하나는 꿈속의 동물 캐릭터가 아이의 자아감이 완전히 발달하기 전에 일종의 아바타 역할을 한다고 설명하기도 한다.

5~8세 정도가 되면, 비록 시간적 순서는 없지만 어느 정도 줄거리가 있는 꿈을 꾸기 시작한다. 이때 아이들은 꿈을 모두가 함께 경험하는 환상이라고 생각하지만, 점차 자신의 꿈이 함께 공유하는 경험이 아니라 '나 혼자'만의 사적인 것임을 깨닫는다. 이러한 발달은 상상력 네트워크가 연결되고 활성화되는 시기와 동시에 일어난다. 상상력 네트워크를 이루는 각 부분이 연결되고 함께 기능하도록 성장하는 데는 그만한 시간이 걸리기 때문이다.

꿈속에서 자신이 적극적인 주인공으로 등장하기 시작하는 것은 7~8세 무렵부터다. 이와 동시에 한 상황이 다음 상황으로 이어지는, 즉 일종의 이야기가 있는 꿈이 나타나기 시작한다. 이는 꿈을 꿀 때와 깨어 있을 때 모두 자전적 자아autobiographical self에 대한 인식이 나타나는 시기와 겹친다. 자전적 자아는 나와 타인과의 관계에서 내가 누구인지 인식하는 감각이다. 이러한 발달의 시기가 서로 맞물려 있다는 점을 봤을 때, 이런 변화가 발달 과정에서 서로 영향을 주고받거나 촉진하는 등 연관성이 있을 것으로 보인다.

그렇다면 아이들은 언제부터 제대로 된 꿈을 꿀까? 학교에 다니며 글을 읽거나, 간단한 수학을 배우는 정도의 나이가 되어도, 아이들은 우리가 일반적으로 생각하는 동영상처럼 흐르는 꿈을 꾸고 있지 않다. 이 사실에 연구자들 역시 놀라워했고, 혹시 아이들이 꿈을 꾸긴 하지만 단순히 설명할 언어 능력이 없는 것은 아닌지 생각했다. 하지만 이 시기의 아이들이라면 일상 속의 사람, 사건, 사물에 대해 충분히 이야기할 수 있다는 점을 고려할 때 이러한 가설은 말이 되지 않는다.

우리가 생각하는 꿈은 사실 언어와 기억력이 아닌 시각적 공간 능력이 성장할 때 나타나는 현상이다. 사실 꿈을 꾸려면 많은 것들이 필요하다. 세상을 시각화해야 할 뿐만 아니라 상황을 만들어낼 수 있어야 하기 때문에 꿈은 나이나 성장에 따라 나타나는 다른 고차원적인 인지 과정인 것이다. 꿈을 꾸는 능력의 핵심은 우리의 뇌가 현실을 얼마나 잘 시각적으로 재현할 수 있느냐에 달려 있는 셈이다. 어린이가 꿈을 꿀 수 있는지 확인하기 위한 검사인 '블록 디자인 테스트'는 어린이의 시각적 공간 능력을 확인한다. 이 검사에서 아이들은 빨간색과 흰색으로 된 패턴의 모양이나 그림을 보고, 그 패턴을 블록으로 재현해야 한다. 만약 패턴을 일치시킬 수 있다면 꿈을 꿀 수 있는 능력을 갖추고 있다고 할 수 있다.

시각적 공간 능력과 꿈은 모두 방향과 위치 감각을 담당하는 뇌의 영역인 '두정엽'이 관여하는데, 두정엽은 7세 전후까지 완전히 발달하지 않는다. 이에 더해 꿈은 후두엽이 보고 두정엽이 느끼는 정보에 의미를 부여하여 몰입감 있는 시각적, 정서적 경험을 만들어내는 연합 피질(대뇌피질 중에서 일차 감각 및 일차 운동 피질을 제외한 나머지 피질 영역)의 복잡한 상관관계에 의존하는데, 이 영역도 발달하는 데 시간이 걸린다.

이런 발달 과정을 거쳐 제대로 된 꿈을 꾸기 시작한 직후 아이들의 꿈에는 놀라울 정도로 보편적으로 발생하는 현상이 있는데, 바로 '악몽'이다. 다음 장에서 악몽에 대해 더 자세히 살펴보겠지만,

아이들은 성인보다 훨씬 자주 악몽을 꾼다. 아무리 좋은 환경에서 자란다고 하더라도 아이들의 꿈속에는 괴물이나 초자연적인 존재가 등장한다. 그리고 나이를 먹으며 악몽은 점점 사라진다.

앞서 꿈을 꾸는 것은 자전적 기억과 정체성을 갖게 하는 데 필수적인 능력인 우리의 자아감 발달과 밀접한 관련이 있다는 것을 살펴봤다. 그런 의미에서 생각해본다면, 악몽만큼 자아감을 강화하는 데 도움이 되는 꿈은 없다. 악몽에서 '나'는 대체로 공격을 받고 있거나 혹은 다른 의미로 위험한 상황에 처해 있다. 이렇듯 악몽은 그 본질 자체가 자기 대對 타자의 싸움이며, 이는 아이에게 '나는 세상에서 독자적인 위치와 의지를 가진 독립된 존재다'라는 개념을 심어줄 수 있는 강력한 방법이다.

인간은 꿈을 꾸기 위해 진화했다

*

꿈은 경험상 무작위로 발생하는 것처럼 보인다. 마치 카드 뭉치에서 카드를 한 장씩 뽑아낸 것처럼 무작위적인 이미지와 기억, 인물, 행동들이 연속해서 이어지니 말이다. 혹시 꿈이라는 건 마치 엔진의 소음처럼 수면 중에 일어나는 그다지 중요하지 않은 부산물일 수도 있지 않을까?

하지만 계속 설명했듯 꿈은 무작위적이지 않다. 그리고 이를 알아챌 수 있는 몇 가지 근거가 있는데 그중 하나는 같은 꿈을 반복적으로 꾸는 사람들이 있다는 것이다. 만약 꿈이 무작위적이라면 같은 꿈을 두 번 꿀 확률은 극히 낮을 것이고, 두 번 이상 같은 꿈을 꾼다는 것은 아예 불가능할 것이다. 그다음으로는 한밤중에 깼다가 다시 잠들었을 때 같은 꿈을 다시 꾸는 사람들도 있다. 꿈이 정말 무작위적이라면 이 또한 불가능할 것이다.

이처럼 꿈에는 의미가 있으며, 나는 우리가 꿈을 꾸기 위해 진화했다고 믿는다. 진화는 생존에 유리한 특성들을 유지한다. 따라서 너무 많은 에너지를 사용하거나 맹수에게 노출되는 쉬운 특성처럼 뚜렷한 이득이 없는 특성들은 진화의 과정에서 소멸되기 마련이다. 사실 꿈은 이 두 가지 모두에 해당한다. 꿈을 꾸는 동안에 우리는 많은 에너지를 소비하고, 외부 공격에 취약해지기 때문이다.

그런데도 우리는 왜 여전히 꿈을 꿀까? 넘어지고 이가 빠지며, 파트너를 두고 바람을 피우는 등 자기에게만 보이는 기괴하고 이상한 이야기가 대체 왜 한밤중 우리 마음속에서 펼쳐지는 걸까? 우리가 수년 혹은 수십 년 동안 꿈을 꾸면서 얻는 생물학적 또는 행동적 이점은 과연 무엇일까?

이 질문은 실제로 많은 이론을 탄생시켰다. 예를 들어, 우리 대부분은 누군가에게 쫓기는 꿈을 꿀 때가 있는데, 이는 꿈이 일종의 위협에 대한 리허설이며, 안전한 방법으로 위협을 인식하고 대응하기 위한 연습이라는 이론이 있다. 이 이론에 따르면 꿈은 다양한 반응을 시험해보고 그 결과를 상상할 수 있는 가상 시뮬레이션과 같다. 그렇다면 꿈속에서의 경험을 바탕으로 현실의 위협을 더 잘 관리할 수 있을까?

파리 소르본대학의 신경과 교수 이자벨 아르눌프Isabelle Arnulf는 학생들에게 위협 리허설의 현대판이라고 할 수 있는 '의대 입학시험 전날 밤의 꿈'에 대해 물었다.[6] 그 결과 시험에 관한 꿈을 꾼 경우가 많았고, 4분의 3 이상이 악몽을 꾸었다고 대답했다. 그들이 꾼 꿈의 내용은 '평화롭게 잠에서 깼는데 시험 시간에 늦은 걸 확인하고는 엄청 당황하다가, 결국 시험을 보지 못하고 대학 입시에서 떨어지는 꿈'처럼 누구나 떠올릴 만한 내용이었다. 다른 학생들은 시험 직전에 안경이 깨지는 꿈, 몇몇 페이지가 누락된 시험지를 받는 꿈, 필기시험인데 답안을 쓸 종이가 없는 꿈, 반대 방향 기차를 탄 바람에 시험을 놓치는 꿈 등을 꾸었다고 얘기했다.

흥미롭게도 시험에 대한 꿈을 자주 꾸는 학생들이 그렇지 않은 학생들보다 시험에서 약 20퍼센트 더 좋은 성적을 거두었다. 잠을 더 많이 자는 것이 더 좋은 결과로 이어진다거나, 시험 전 불안감이 높은 것이 더 낮은 점수로 이어지는 것도 아니었다. 이를 두고 아르눌프 교수는 스트레스받는 부정적인 상황을 꿈속에서 시뮬레이션한 덕분에 학생들이 도움을 받았을 수 있다고 결론지었다. 또한, 꿈이 서류를 깜박하는 것과 같이 현실 가능성이 있는 상황부터 급작스레 비행기를 타야지만 시험장에 갈 수 있는 등 현실에서는 말도 안 되는 상황까지, 꿈속에 등장하는 시나리오들이 마치 현실에서 일어날 수 있는 모든 문제 상황에 대한 일종의 체크리스트 역할을 하는 것 같다고 결론 내렸다.

만약 이러한 위협 시뮬레이션이 우리가 꿈을 꾸는 유일한 이유라면 모든 꿈에 가상의 위협이 포함되어야 할 테지만 실제로는 그렇지 않다. 꿈의 줄거리는 다양하며, 우리는 꿈속에서 두려움 외에도 많은 감정을 경험한다. 그러니 꿈에는 분명 다른 진화적 이점이 있을 것이다.

꿈은 밤의 상담사다

✳

꿈의 진화적 이점을 설명하는 또 다른 이론은 꿈이 일종의 '밤의 상담사'처럼 우리를 불안하게 하는 감정을 소화하고 처리하는 데 도움을 주는 치료적 가치를 갖고 있다고 주장한다. 많은 사람이 지각하거나 옷을 갖춰 입지 못하고 알몸으로 공공장소에 나타나는 등 당혹스러운 꿈을 꾸는데, 이러한 꿈은 일상을 살아가는 데 실제로 도움이 될 수 있다. 캘리포니아대학교의 최근 연구에 따르면 이런 꿈을 꾼 다음 날 아침은 정서적으로 민감해질 수 있는 경험에 대한 공포 반응이 줄어드는 것으로 나타났다.[7]

이런 꿈의 치료적 가치를 설명하는 예시는 이혼하려는 부부의 꿈에서도 찾아볼 수 있다. 시카고의 러시대학교 의료센터 신경과학대학원의 로절린드 카트라이트Rosalind Cartwright는 꿈만으로도 이혼 후 우울증에서 회복할 수 있을 사람과 그렇지 못한 사람을 정확하게 예측할 수 있다는 사실을 발견했다.[8] 우울증에서 회복한 사람들은 옛 기억과 새 기억이 섞인 복잡한 줄거리의 더 극적인 꿈을 꾸는 경향이 있었다. 카트라이트는 최근 이혼한 실험 참가자들이 이러한 꿈을 꾸면서 전 배우자에 대한 부정적인 감정을 해소하고 있는 것이라고 결론지었다. 꿈속에서 깨어 있을 때의 나쁜 감정이 완화되고, 사물을 더 긍정적으로 바라보며 새롭게 시작할 준비를 한다는 것이다. 즉 이혼한 부부가 서로에 대한 꿈을 꾸는 정도는 그들이 얼마나 부정적인 감정을 잘 극복하고 있는지와 관련이 있는 셈이다.

그밖에도 꿈은 다양한 인간관계 시나리오를 실험해보는 수단으로도 활용될 수 있다. 꿈은 온갖 종류의 사회적 상황을 시각화해볼 수 있는 가장 좋은 방법이다. 꿈은 현실적이든 비현실적이든 엄청나게 다양한 상황을 만들어낼 수 있으며, 우리는 꿈속에서 각 상황이 어떻게 전개될지 상상한다. 텍사스베일러대학교의 생물의학 인류학자인 마크 플린Mark Flinn이 꿈을 인간의 초능력이라고 불렀을 정도로 꿈은 사회적 시나리오를 구성하는 능력이 뛰어나다.[9] 우리가 다른 사람들과 얼마나 잘 교류하는지는 집단에 적응하고 짝을 찾는 데 도움이 되기 때문에 진화의 관점에서 볼 때 아주 중요하다.

꿈의 진화적 이점을 설명하는 또 다른 이론은 꿈이 수면 중에도 뇌를 조정하고 준비 상태를 유지한다는 것이다. 인간의 뇌처럼 움직이는 기계를 만들려고 노력하는 컴퓨터 과학자들이 직면하는 과제들은, 꿈이 우리에게 제공하는 이점에 대한 단서가 되어주기도 한다.

예를 들어 얼굴 인식 소프트웨어는 내가 보고 있는 사람이 나에게 익숙한 사람인지 판단하는 데 필요한 신경망Neural networks의 시각 정보 처리 과정을 인공적으로 구현한 것이다. 한 이론에 따르면 꿈의 진화적 이점 중 하나는 꿈에 수반되는 정신적 활동이 일종의 점화용 불꽃처럼 작용해 신경망을 미세하게 조율해준다는 것이다. 이를 통해 잠에서 깨어나면 뇌는 빠르게 각성하고 일상에 몰입할 수 있게 된다.

꿈은 하나의 이유만으로 존재하지 않는다

*

기계 학습과 꿈의 기상천외함에서 영감을 받은 또 다른 이론이 있다. 꿈은 종종 초현실적이며, 일상뿐 아니라 살면서 평생 볼 수 없을지도 모르는 기이하거나 불가능한 상황으로 가득 차 있다. 꿈의 이러한 특징에 착안하여 미국의 신경과학자 에릭 호엘Erik Hoel은 '과적합 뇌 가설overfitted brain hypothesis'을 제시하면서, 꿈은 우리가 깨어 있는 삶에서 배운 것을 일반화하는 데 도움이 된다고 주장했다.[10]

기계는 복잡한 작업을 학습할 때, 일련의 상황 속에서 일반적인 규칙을 개발하도록 설계되어 있다. 그런데 주어진 특정 상황들이 서로 너무 유사하면 '과적합overfitting'이 발생하고, 기계의 일반화 규칙이 너무 제한된 정보에 맞춰지게 된다. 그 결과 기계는(인간에 빗대자면) 편협한 사고를 하게 되는데, 지나치게 좁은 범위만 고려하고 융통성 없이 너무 정형화된 분석만을 하게 된다. 이런 기계는 훈련된 범위 밖의 데이터를 받으면 오류가 발생한다. 이를 방지하기 위해 연구자들은 기계를 학습시키는 데 사용되는 정보에 일부러 '노이즈'를 더하여 데이터를 고의적으로 손상시키고 더 무작위적으로 만든다.

기계가 너무 비슷한 상황만을 학습하면 융통성이 없어지고 오류가 발생하는 것처럼, 우리 역시 반복되는 일상을 살다 보면 세상에 대한 제한된 경험과 정보만을 얻어 틀에 박힌 사고에 빠지기 쉽다. 이렇게 일상에 익숙해지면 삶은 효율적일 수 있지만 예상치 못한 상황에서는 적응력이 제한적이기 마련이다. 이때 꿈의 환상적이고 환각적인 특성은 기계를 효과적으로 학습시키기 위해 데이터에 더하는 노이즈와 같은 역할을 한다. 우리의 기억과 행동 패턴이 밤마다 재구성되는 현상을 과학적 용어로 확률적 공명stochastic resonance(최적의 노이즈 강도에서 주기 신호가 최대로 증폭되는 현상. 즉, 무작위적인 잡음이 미세한 신호를 감지하는 데 도움이 되는 현상)이라고 하는데, 데이터에 무작위적인 노이즈를 추가하여 중요한 신호를 더 잘 감지할 수 있도록 하는 것이다. 이를 통해 우리는 꿈속에서 보다 유연하고 창의적인 사고를 할 수 있다.

그저 기이한 꿈의 내용뿐만 아니라 꿈을 꾸는 동안 실제로 일어나는 신경생리학적 변화가 이 이론을 뒷받침한다. 뇌는 아드레날린Adrenaline 수치를 낮춰 꿈에 노이즈를 주입한다. 우리에게 익숙한 아드레날린은 투쟁 도피 반응fight or flight response(긴박한 위협 앞에서 자동적으로 나타나는 생리적 각성 상태)을 유도하고 우리를 예민하게 만드는 신경전달물질이다. 아드레날린이 많아지면 우리는 극도의 경계심과 고도의 집중력을 발휘하게 되며, 소음에서 아주 희미한 신호라도 잘 감지할 수 있게 된다. 이는 인간이 야생에서 맹수들을 피할 때 엄청난 이점이 되었다. 아드레날린이 분비되면 높이 자란 풀숲에서 들리는 희미한 바스락거리는 소리를 감지하여 위협적인 존재가 가까이에 있음을 알 수 있었기 때문이다.

꿈을 꾸는 동안에는 이런 아드레날린이 감소하고, 신호와 소음을 구분하는 능력이 둔해진다. 그 결과 뇌의 현실 판단 기능은 느슨해진다. 이러한 변화는 위험에 처했을 땐 엄청난 약점이 되지만, 꿈의 입장에서는 창의적이고 확산적인 사고, 다시 말해 틀에서 벗어나 완전히 새로운 방식이나 독창적인 관점에서 문제를 바라볼 수 있는 원동력이 된다. 깨어 있는 동안 문제를 해결하기 위해 머리를 싸매고 있을 때는 오히려 확산적 사고를 하기가 어려울 수 있다. 하지만 꿈을 꾸는 동안에는 뇌에서 아드레날린이 분비되지 않아 꿈속 상황에 대한 불신이 사라지고 대담하고 모험적인 꿈을 꿀 수 있게 된다. 이는 꿈의 2단계로, 수행 네트워크가 꺼지는 과정의 일부다. 뇌의 수행 네트워크와 아드레날린은 모두 외부 세계를 경계하고 집중하는 서로 비슷한 기능을 하기 때문에 일종의 화학적 시너지 효과를 낸다고 할 수 있다. 이때 우리 몸속에 있던 아드레날린은 그대로 남아서 꿈을 마치 현실인 것처럼 경험하게 한다. 예를 들어 맹수로부터 도망치는 꿈을 꾸면, 우리 몸의 아드레날린이 실제로 목숨을 걸고 뛰는 것처럼 심장을 뛰게 하는 것이다.

이처럼 꿈을 꾸는 동안의 상상력과 자유로운 사고는 실존적 위협에 대한 적응적인 해결책을 찾는 데 도움이 될 수 있다. 진화를 적자생존適者生存의 과정이라고 말하는데, 여기서 '적자'란 가장 적응력이 뛰어난 것을 의미한다. 꿈의 기이한 내용과 전개는 우리에게 복잡한 세상을 탐색하고 그 과정에서 직면할 수 있는 많은 도전에 맞설 기회를 제공한다. 꿈을 통해 전염병이나 지진, 쓰나미, 전쟁, 가뭄 등 일상에서 예측할 수 없지만 막상 일어나면 생존을 위해 어떻게든 대응해야 하는 사건들에 대해 시뮬레이션할 수도 있다.

지금껏 많은 연구가 진행되었지만 인간에게 꿈이 지속적으로 필요한 이유를 명쾌하게 설명하는 이론은 나오지 않았다. 하지만 꿈에 관해 밝혀진 사실들이 이 모든 이론이 어느 정도 타당하며 상호의존적이라는 것을 보여준다. 우리가 깨어 있는 동안 사고하는 이유가 단 하나만 있는 게 아닌 것처럼, 꿈을 꾸는 이유가 단 하나만 있을 거라고 생각해서는 안 된다. 진화를 거치면서 인간의 뇌는 더 새롭고 정교하게 진화해왔다. 그러니 우리의 감정을 조절하고 최악의 시나리오를 시뮬레이션하며 신경망을 미세하게 조정할 수 있는 새로운 무기로써 꿈을 활용할 가능성도 충분히 있지 않겠는가?

앞에서 살펴본 이론들은 꿈이 인간이 하나의 종種으로서 적응하고 생존하는 데 도움이 되었던 모든 방식을 설명하지만, 나는 이에 더해 꿈이 진정한 자아를 형성하는 데에도 도움이 된다고 생각한다. 그중에서도 우리의 서사 정체성(개인의 인생 이야기, 즉 스스로에 대한 서사를 통해 형성되는 정체성)과 자아감을 키우는 데 아주 큰 역할을 하며, 이를 통해 개인의 특별한 정체성을 드러내는 꿈이 있다. 우리 모두가 겪어본 바로 그 꿈, '악몽'이다.

꿈과 공포

당신에겐 악몽이 필요하다

악몽은 참 이치에 맞지 않는 꿈이다. 꾸는 동안 너무나 괴롭고, 인생에 아무런 도움도 안 될 것 같은 악몽은 대체 왜 꾸는 걸까? 인간으로서 살아남기 위해 우리가 악몽이라는 공포를 경험해야 하는 이유는 무엇일까?

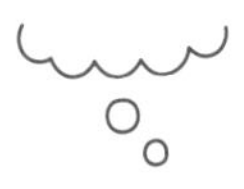

줄리아의 낮은 차분하고 평온했다. 요가를 가르치며 정원을 가꾸고 하이킹을 하며 보내는 평범한 일상이었다. 하지만 그의 밤은 조금 달랐다. 지난 몇 년 동안 줄리아는 꿈에서 부모님이 참수당하는 것을 목격하거나, 칼로 누군가를 찌르는 등 끔찍하고 폭력적인 꿈을 계속해서 꿨다. 줄리아가 팟캐스트 〈사이언스 Vs.Science Vs.〉에서 얘기한 것처럼, 그는 종종 몸서리치며 잠에서 깨어났는데 꿈속에서 본 섬뜩한 장면들이 쉽사리 잊히지 않았다고 한다.[1] 꿈에서 깨어나 평범한 하루가 시작되고, 꿈에서 느낀 끔찍한 감정들이 어느 정도 사그라진 후에도 꿈에서 본 무시무시한 장면들이 떠올랐고, 악몽의 잔상은 점점 더 오래 지속되어 다음 날까지 머릿속에 남아 있을 때도 있었다.

줄리아는 말 그대로 낮과 밤이 정반대인, 혼란스러운 이중생활을 하고 있었다. 건강한 생활 습관을 가지고 있던 그는 낮 동안에는 긍정적이고 활기가 넘치는 일상을 보냈지만, 밤에는 폭력적인 꿈과 끔찍한 상상으로 가득한 나날을 보냈다. 줄리아는 자기 내면에 그런 폭력적인 생각이 숨어 있다는 사실이 몹시 괴로웠다. 왜 이런 악몽을 꾸는지, 악몽을 멈추기 위해 무엇을 할 수 있는지 도통 알 수 없었다. 줄리아의 꿈속 세상과 깨어 있는 삶은 왜 이토록 다른 모습인 걸까? 이 폭력적인 악몽은 대체 어디에서 온 것일까?

선주민 문화권에서는 악몽의 원인을 악령이나 악마 혹은 그밖의 외부의 힘으로부터 오는 것이라고 여겼다. 또 다른 문화권에서는 악몽이라는 용어 자체가 없는 대신, 이를 의식의 경계로 통하는 창문으로 간주하기도 한다. 하지만 사실 악몽은 꿈과 마찬가지로 신경생물학의 산물이다. 본질적으로 악몽의 어두운 환영도 '나'로부터 생겨나는 것이다.

많은 이에게 악몽은 수면의 불청객처럼 느껴진다. 악몽은 우리 마음을 심장이 두근거릴 정도의 공포로 가득 채운 다음, 결국 잠에서 깨어나게 한다. 당신을 괴롭히는 악몽이 끔찍이도 싫을 수 있다. 하지만 악몽은 우리가 상상하지 못했던 방식으로 우리에게 꼭 필요하며 심지어 유익하기까지 하다.

악몽을 제대로 이해하려면 악몽이 발생할 때의 나이, 원인 그리고 악몽의 역할에 초점을 맞춰 생각해보는 것이 도움이 된다. 물론 우리 마음과 생각의 어떤 특징도 명확하게 구분되는 것은 아니지만, 악몽을 이해하기 위한 첫걸음으로는 충분하다. 2장에서 중점적으로 다룰 악몽은 어린 시절 누구나 한 번쯤은 겪어봤고, 또 일부 사람들에게는 성인이 되어서도 지속되는 유형의 꿈이다. 보편적으로 나타나는 악몽은 무섭긴 하지만 어린아이가 정체성과 자아감을 키우는 데 도움이 된다. 또한 악몽이 어린아이들의 일상에 지장을 주는 경우는 거의 없다.

반면, 성인이 주로 경험하는 악몽은 섬뜩할 뿐 아니라 일상생활에도 영향을 미친다. 이러한 악몽은 일종의 심리적 온도계 역할을 하는데, 스트레스나 불안, 트라우마에 의해 유발될 수 있기 때문이다. 악몽이 너무 심하거나 만성적으로 일어난다면, '악몽 장애'(반복적으로 높은 수준의 공포나 불안을 느끼는 악몽을 꾸며 개인의 일상생활에 영향을 미치는 장애)를 의심해볼 수 있다. 트라우마로 인한 악몽에 대해서는 5장에서 더 자세히 다룰 예정이다.

악몽에 대해 어느 정도 사전 지식이 생겼다면, 지금부터는 악몽과 일반적인 꿈의 차이점부터 알아보자.

악몽은 나쁜 꿈, 그 이상이다

＊

악몽은 단순히 뒤숭숭하고 불쾌한 '기분 나쁜 꿈'과는 다르다. 나쁜 꿈은, 예를 들어 버스를 놓치거나 싫어하는 사람과 대화를 해야만 하는 것처럼 우리가 감정적으로 부정적이라고 느끼는 꿈이다. 반면 악몽은 길고 생생하며 끔찍해 결국 잠에서 깨어나게 만드는 것이 특징이다.

악몽의 내용은 대개 생존, 신체적 온전성, 안전 또는 자존감에 대한 위협과 관련이 있고, 정서적인 분위기는 두려움이다. 또한 악몽은 강렬한 공포, 분노, 슬픔, 혼란, 심지어 혐오감까지 불러일으킬 수 있다. 악몽은 우리를 잠에서 깨울 뿐 아니라 깨어난 후에도 꿈속에서 본 무서운 사건을 생생하게 떠올리게 한다.

악몽의 줄거리는 행복한 꿈과는 아주 다르다. 행복한 꿈, 목표를 추구하는 꿈은 은유적인 경향이 있는 반면, 악몽은 직설적인 경우가 많다. 즉, 일반적으로 악몽에서는 어떠한 현실적인 방식으로 꿈속의 자아가 위협받는 상황에 놓인다.

다른 유형의 꿈과 악몽의 또 다른 차이점은, '감정 읽기 능력'이다. 평범한 꿈에서는 등장인물의 동기나 감정을 유추할 수 있는 경우가 많지만, 악몽에서는 상대의 마음 읽기 능력이 사라진다. 마음을 읽을 수 없는 적敵의 사실적인 위협에 직면하면 자의식이 고조된다. 즉, 악몽은 나 자신과 타자의 대결이다.

'꿈에서 죽는 것은 불가능하지만, 만약 꿈에서 죽으면 실제로 죽게 된다'는 유명하고 오랜 속설이 있다. 이 잘못된 속설의 출처는 불분명하지만 여러 세대에 걸쳐 전해져왔다. 사실을 얘기하자면, 꿈에서 죽을 수는 있지만 대개 죽기 전에 잠에서 깬다.

꿈 자체가 사람을 죽일 수는 없지만, 강력한 감정적 꿈에서 비롯되는 생리적 스트레스는 실제로 사람을 죽일 수도 있다. 우리는 약 90분 주기로 얕은 수면, 깊은 수면, 그리고 가장 생생하고 감정적인 꿈을 경험하는 렘수면으로 이어지는 수면의 단계를 거친다. 밤새 수면 주기가 거듭될수록 렘수면 단계가 길어지고, 꿈의 감정적 강도 역시 더 강해진다. 그렇기 때문에 잠에서 깨어나기 직전의 마지막 렘수면 단계에서 심장마비에 걸릴 위험이 높아진다는 사실이 밝혀지기도 했다.

악몽을 꾸면 우리 뇌에서 감정적 경험을 처리하는 편도체가 활성화되어 호흡이 빨라지고 불규칙해진다. 이어 땀을 흘리고 심박수가 급상승할 수 있다. 악몽을 꾸는 사람의 심박수를 살펴본 결과, 분당 64회였던 심박수가 불과 30초 만에 152회로 치솟은 기록을 확인할 수 있었다. 하지만 대부분의 악몽은 그 내용이 머릿속에 오랫동안 남을 수는 있어도, 신체에는 지속적인 영향을 남기지 않는다.

악몽을 꾸면 쉽게 불안해지고, 동요하게 된다. 그럼에도 그 정체의 많은 부분이 여전히 수수께끼로 남아 있으며, 그 불안한 힘의 근원을 정확히 파악하고 측정하기는 어렵다. 악몽은 자면서 겪는 아주 주관적이고 사적인 경험이자 시각적, 감정적 변화를 일으키는 롤러코스터와 같다. 그렇다 보니 악몽 역시 깨어난 후에 기억한 내용을 토대로 연구하고 평가하는 수밖에 없다는 한계가 있다.

악몽은 보편적인 현상이자 우리가 아는 한 항상 인간의 삶의 일부였다. 악몽은 어떤 사람에게는 일어나고 어떤 사람에게는 일어나지 않는 이상 현상이나 결함이 아니다. 누구나 악몽을 꾼다. 악몽은 삶의 경험, 식습관, 나이, 개인적 습관에 의해 좌우되는 것도 아니며, 아무리 평온한 어린 시절을 보냈다고 하더라도 그조차 악몽을 막아주는 보호막이 될 수 없다.

또한 악몽의 테마는 무작위적이지 않다. 악몽은 뉴런이 불길한 오르간 음악을 배경으로 산발적으로 발화하며 만들어내는 형상이 아니라, 어느 정도 예측할 수 있는 줄거리를 갖고 있다. 전 세계적으로 문화권을 막론하고, 어느 정도 성장한 이후에 가장 흔히 꾸게 되는 악몽의 주제가 있는데 그중 다섯 가지를 소개해보자면 다음과 같다.

- 실패하거나 무력감을 느끼는 꿈
- 신체적 공격을 당하는 꿈
- 사고를 당하는 꿈
- 누군가에게 쫓기는 꿈
- 건강에 문제가 생기거나 죽는 꿈

이처럼 나쁜 꿈 그 이상의 특징과 의미를 가지고 있는 악몽은, 놀랍게도 우리가 인생에서 가장 처음으로 기억하는 꿈인 경우가 많다. 또 누구에게나 주기적으로 꾸는 악몽 하나쯤은 있을 만큼 우리와 매우 밀접하게 연결되어 있지만 더이상 꾸고 싶지 않은 악몽에 대해 조금 더 자세히 알아보자.

인생에서 악몽을 가장 많이 꾸는 시기

✳

애초에 인간은 왜 악몽을 꾸는 걸까? 악몽에 과연 어떤 이점이라도 있는 것일까? 사실 나는 악몽이 개인뿐만 아니라 인류에게 여러 가지 면에서 도움이 된다고 생각한다. 가장 중요한 이점은 생애 초기에 나타나는데, 그 방식은 아마 여러분을 놀라게 할 수도 있다.

악몽은 흥미롭게도 평생에 걸쳐 예측 가능한 패턴으로 펼쳐진다. 우선, 어린이는 성인보다 약 다섯 배가량 더 자주 악몽을 꾼다. 어린이들이 경험하는 악몽에는 넘어지거나 쫓기거나 사악한 존재가 등장하는 경우가 많은데, 전 세계 모든 문화권의 아이들이 보고한 꿈 내용에 따르면 괴물, 악마, 초자연적인 존재가 꿈에 등장한다는 것을 알 수 있다. 어떻게 사랑과 보호를 받으며 자란 아이들이 무서운 괴물을 떠올릴 수 있을까?

어린 시절의 악몽이 왜 이런 특징을 보이는지 그 이유를 정확히 증명해내는 것은 불가능할지도 모른다. 하지만 아이들이 꾸는 악몽의 패턴과 주제를 살펴보면 어느 정도 유추는 가능하다.

먼저 아이들의 무서운 꿈이 어디에서 자라나는지 생각해보자. 어린 시절의 악몽은 인지 능력이 폭발적으로 성장하는 시기에 찾아오는데, 이때는 언어와 사회성이 발달하는 시기이기도 하다. 아이들은 집에서 부모, 형제자매, 친구 및 다른 사람들과 교류하면서 자신이 세상에서 누구인지에 대한 감각을 처음으로 깨우친다. 동시에 밤에는 잦은 악몽을 경험한다. 나는 이 두 가지 측면이 서로 얽혀 있다고 생각한다.

이유를 설명하자면 이렇다. 1장에서 살펴본 것처럼, 아이는 태어날 때부터 꿈을 꿀 수 있는 게 아니며 필요한 발달 과정을 거치며 꿈을 꾸는 능력도 함께 발달하기 시작한다. 꿈속에서와 깨어 있을 때의 상상력이 함께 성장하는 셈이다. 아이들이 3차원 세계를 상상할 수 있는 시각적, 공간적 능력이 발달하면서 꿈은 더 이상 정지된 이미지가 아니라 영상과 비슷해진다. 다섯 살 정도가 되면 스스로가 꿈속의 인물이자 꿈속 이야기의 주인공으로 등장하기 시작하는데, 이는 기어다니거나 걷는 법, 자전거 타는 법을 배우는 것과 같이 정상적인 발달 단계다. 그리고 아이들의 악몽은 이때부터 시작된다.

어린아이들이 악몽을 더 무서워하는 이유는 무엇일까? 바로 꿈과 현실의 차이를 구분하는 인지 능력이 덜 발달했기 때문이다. 그러니 악몽을 꾼 다섯 살짜리 아이에게 "그건 다 꿈이야, 걱정하지 마!"라고 말해준들 아이에게는 아무런 위로도 되지 못한다. 광범위한 연구 덕분에 우리는 아이들이 몇 살 정도가 되어야 자신의 꿈이 다른 사람은 볼 수 없는 상상 속 사건이라는 것을 이해하는지 알고 있다. 아이의 발달 과정에서 꿈속의 자아와 악몽이 동시에 나타나는 것은 우연이 아닐 가능성이 높다. 악몽은 모든 어린이가 타인과 진정으로 분리된 독립적인 자아를 형성하고, 꿈꿀 때의 생각과 깨어 있을 때의 생각을 구분하는 데 도움을 주는 보편적 인지 과정일 수 있다.

어른이 된 우리는 '자아'라는 개념을 자주 생각하지 않는다. 이미 우리의 자아가 완전히 형성되어 있기 때문이다. 자신이 누구인지 알며, 개인으로서의 존재, 성격과 신체적 특징, 생각과 감정, 부모, 자녀, 형제자매, 파트너, 친구, 동료, 이웃 등 다른 사람들과의 관계에 대해 이해하고 있다. 인간이 된다는 것은 무엇보다도 복잡한 사회적 환경을 헤쳐 나가는 것이다. 우리가 누구인지에 대한 내적, 외적 감각을 서사적 자아narrative self, 혹은 사회적 자아라고 부르기도 하는데 어른에게는 당연한 이 감각들이 아이들에게는 전부 새로운 영역이다.

'개인'이 되는 것은 학습 과정이다. 아이들은 이제 막 자신만의 풍부하고 독특한 내면의 세상과 가족, 집단, 동네와 이웃, 학교, 사회, 문화 등 현실 세계에서의 자신의 위치를 이해하기 시작한다. 자신이 누구인지 알게 되면 아이들은 더 많은 독립심과 자신감을 느끼게 되고 새로운 것을 시도하고 배우려는 의지가 더 강해질 가능성이 있다.

더 나아가 5~6세 정도의 아이들이 꾸는 전형적인 악몽에 대해 알아보자. 이 시기의 아이들은 대개 꿈속에 등장하는 괴물과 대립해 싸우는 악몽을 꾸는데, 이 꿈을 꾼 아이들은 연구자들에게 꿈속 괴물이 자신의 마음에 자꾸 침입하려고 한다고 말한다. 즉, 아이들은 자신의 마음과 싸우는 괴물을 스스로 만들어내고 있는 것이다. '나'라는 존재를 위협하는 사악한 괴물을 마주하는 것. 이렇게까지 자아가 위협받는 상황은 이 나이대의 아이들에겐 꿈이 아닌 다른 곳에서는 거의 일어나지 않는다.

아이들이 성장하면서 정신이 성숙하고 발달하는 만큼 악몽도 자주 나타나며, 열 살이 될 때까지는 그 빈도가 줄지 않는다. 열두 살부터는 여자아이들이 남자아이들보다 악몽을 꿀 확률이 더 높아지는데, 여자아이의 악몽에는 사람이나 작은 동물이 공격자로 등장하는 반면, 남자아이의 악몽에는 괴물이나 큰 동물이 더 자주 등장한다. 연구에 따르면 아이들이 겪는 사회화 과정이 이러한 차이에 중요한 역할을 할 수 있으며, 사춘기를 보낸 후부터 점차 그 차이가 줄어들기 시작한다.

짐작할 수 있듯이, 청소년기의 꿈에서는 친구나 사회적 환경이 더 큰 비중을 차지하게 되며, 이 시기에 이뤄지는 인지적 성숙과 함께 악몽의 빈도가 감소한다. 예외적인 경우로 외상 후 스트레스 장애post traumatic stress disorder(이하 PTSD)은 정신 질환을 앓고 있는 사람 등이 있지만, 줄리아처럼 성인이 되어서도 뚜렷한 원인 없이 악몽이 자주 반복되는 경우는 훨씬 드물다. 어른들의 악몽은 아이들의 악몽처럼 불쑥 나타나지만 잠드는 게 두려워질 정도로 수면을 심각하게 방해하거나, 일상에 문제를 일으키지는 않는다. 만약 이 정도 증상을 동반하는 경우라면 '악몽 장애'를 의심해볼 수 있는데, 그 질환에 대해서는 5장에서 다룰 것이다.

어른이 되어도 여전히 악몽을 꿀 수 있지만, 일반적으로 한 달에 한 번 정도로 그 빈도가 훨씬 줄어들며, 생활 스트레스로 인해 유발될 수 있다. 마찬가지로 어린이도 불안과 스트레스로 인해 악몽을 꾸기도 한다.

악몽의 내용도 역시 어른이 되어가면서 조금씩 변한다. 어린 시절 악몽에 나왔던 괴물은 더 이상 등장하지 않지만, 대신 대인 관계에서의 갈등, 실패와 무력감처럼 보다 현실적인 주제로 악몽을 꿀 가능성이 더 높다. 또한 평소의 꿈보다 낯선 인물이 훨씬 더 많이 등장하는 경향이 있다. 지금까지 살펴본 것처럼 어린 시절부터 성인에 이르기까지 악몽의 내용은 달라져도 핵심은 변하지 않는다. 바로 괴물이든 무력감이든, 다른 어떤 존재로 인해 꿈속의 자아가 위협을 받는다는 점이다.

일반적인 꿈과 마찬가지로, 악몽 역시 인지적 발달의 결과다. 꿈이라는 세계에서 악몽이 그려나가는 궤적을 살펴보면, 수많은 꿈들 중에서 악몽이 가장 주목할 만한 유형의 꿈이라는 걸 알 수 있다. 악몽은 일상적 경험으로는 불가능한 방식들로 마음을 훈련하여 우리의 자아를 형성하고 강화하는 데 도움을 준다. 다시 말해, 악몽은 우리의 발달에 꼭 필요한 것일 수 있다.

악몽을 꾸는 과학적인 이유

*

1950년대, 선구적인 뇌 외과의사 와일더 펜필드Wilder Penfield는 뇌전증(경련을 일으키고 의식 장애를 일으키는 발작 증상이 되풀이하여 나타나는 병)에 대한 각성 뇌 수술을 개발한 후, 뜻하지 않게 악몽의 강한 지속성에 대해 알게 되었다.[2] 펜필드가 전기 탐침으로 뇌를 자극하자 환자들은 아이를 출산하던 때, 수화기 너머 들려오던 어머니의 목소리, 레코드 플레이어에서 흘러나오던 노랫소리 등 과거의 기억을 아주 생생하고 구체적으로 떠올렸다. 환자들은 이 경험이 "자신이 기억하던 것보다 훨씬 실감 났다"고 묘사했다. 펜필드는 같은 방식으로 특정 유형의 꿈, 즉 악몽을 반복적으로 유발하기도 했다.

한 14세 소녀는 수술 중에 어린 시절 겪었던 무서운 경험이 지속적인 악몽으로 나타났다고 말했다. 어느 날 앞서가는 오빠들의 뒤를 조금 떨어져서 걷고 있었는데, 한 남자가 가방에 뱀이 들어 있다면서 소녀를 뒤쫓아왔다. 그렇게 그 남자에게서 도망치려고 오빠들을 향해 달려가는 장면이 그녀의 악몽 속에서 되풀이되었다. 펜필드의 전기 탐침이 뇌의 한 부위에 닿을 때마다 이 장면이 반복되었고, 발작이 뒤따랐다.

나 역시 각성 뇌 수술 중에 환자의 측두엽을 살피고 자극을 주고 있을 때 악몽을 유발한 적이 있다. 보통은 전기 자극을 멈추면 악몽도 멈춘다. 하지만 때때로 전기 자극 없이도 '스위치'가 계속 켜진 채 악몽이 지속되기도 한다. 이는 모든 인지와 마찬가지로 악몽도 뉴런과 뉴런 사이를 오가는 수백만 번의 전기 흐름에 의해 발생하기 때문에 일어나는 현상이다. 전기 탐침으로 전기의 흐름을 인위적으로 유도하긴 했지만, 그 후로도 뉴런들이 마치 폭주 기관차처럼 자율적으로 움직였고, 그 결과 공포를 끝없이 재생하는 자생적인 루프가 만들어진 것이다.

이 현상이 일어났을 때 나는 환자 뇌의 특정 부위의 전기 회로를 차단해 악몽을 멈춰야 했다. 그래서 나는 가장 원초적인 방법, 즉 물로 불을 끄는 방법을 선택했다. (아마 펜필드도 같은 선택을 했을 것이다.) 나는 노출된 대뇌피질에 멸균된 차가운 물을 부어 곧장 전기 활동을 차단하고 악몽을 멈췄다. 환자는 차가움을 느끼지 못했지만, 차가운 물은 뉴런의 신진대사를 늦춰 전기 활동이 일어나기 어렵게 만들었고, 그 결과 환자의 악몽도 멈출 수 있었다.

펜필드와 내가 겪은 각성 뇌 수술 경험을 통해 알 수 있는 가장 놀라운 사실은 악몽이 뇌 속 뉴런의 일부가 된다는 사실이다. 악몽 속 구체적이고 끔찍한 장면들이 뉴런을 통해 대뇌피질에 깊이 뿌리내려 저장되고, 그 기억이 반복되며 악몽이 지속된다는 것이다.

악몽의 과학적 쓸모와 유용성

✳

악몽은 심리적으로나 생리적으로나 부담이 큰 현상이다. 악몽을 꾸면 호흡이 빨라지고 심박수가 급상승하며 강렬한 감정을 경험할 수도 있는데, 이 모든 것을 수행하는 데는 많은 에너지가 필요하다. 앞서 살펴본 바와 같이, 어떤 특성이나 행동에 많은 에너지가 소모될 경우에는 반드시 그만한 대가를 치러야 한다. 다시 말해, 악몽이 어떤 식으로든 인간에게 유용하지 않았다면 악몽은 진작에 퇴화했을 거란 뜻이다. 그러므로 악몽을 마치 한때는 유용했지만 지금은 그저 진화의 부속물로 붙어 있는 맹장처럼, 대뇌의 진화적 유물 정도로 간주할 수는 없다. 우리가 여전히 악몽을 꾸고 있고, 악몽에 얼마나 많은 에너지를 투자하고 있는지를 생각해보면, 악몽은 여러 세대에 걸친 진화의 압력 속에서 어떠한 쓸모로 인해 살아남을 자격을 얻었다고 생각한다.

악몽의 유용함에 대해 알아보기 전에, 보통의 꿈과 구별되는 악몽의 특징을 생각해보자. 먼저 악몽은 놀랍게도 세대를 거쳐 대물림될 수 있다. 연구자들은 가족 내에서도 악몽을 자주 꾸는 집단을 발견했으며 3,500쌍 이상의 일란성 및 이란성 쌍둥이를 대상으로 한 핀란드의 연구에서는 실제로 악몽과 관련된 유전자 변이가 발견되었다.[3] 악몽을 꿀 가능성이 유전적으로 전달될 수 있다면, 악몽 자체도 유전될 수 있을까? 사실 우리는 조상들로부터 고전적인 악몽의 각본을 대대로 물려받고 있는 것은 아닐까? 사실 PTSD를 제외한 대부분의 악몽은 낮에 겪은 정신적 자극과는 아무런 관련이 없고, 그저 심장을 두근거리게 하는 공포와 두려움으로 짜인 각본을 따르는 것처럼 보인다. 맹수가 쫓아오거나, 절벽에서 떨어지거나, 누군가에게 공격을 받는 등 악몽의 전형적인 각본이 우리 유전자 코드의 이중나선에 짜여 있는 것은 아닐까?

이는 사실 터무니없는 생각은 아니다. 어떤 종의 행동이 신체적 특성과 마찬가지로 자연선택의 영향을 받는다고 주장하는 '진화심리학'의 핵심 이론은 생존에 유리한 행동 특성이 한 세대에서 다음 세대로 전달된다는 것이다. 예를 들어, 유전자가 주의력이나 작업 기억(정보를 단기적으로 기억하며 능동적으로 이해하고 조작하는 과정)과 같은 인지 능력에 영향을 미친다는 사실은 이제 널리 받아들여지고 있다. 또한 행복감이나 위험 감수 성향과 같은 특성에도 유전자가 주요한 영향을 미치는 것으로 알려졌다.

한 세대에서 학습된 행동 특성이 다음 세대로 전달되는 또 다른 방법을 후성유전Epigenetics이라고 부르는데, 이는 유전자 염기서열 자체는 바꾸지는 않으면서 어떤 유전자가 활성화 혹은 비활성화될지 그 발현을 조절하는 메커니즘이다. 후성유전은 유전자의 급격한 변화를 기다릴 필요 없이 한 형질을 다음 세대로 전달할 수 있게 해준다. 즉, 돌연변이 없이도 유전자가 다르게 발현될 수 있는 것이다.

신체적 특성과 마찬가지로 행동 특성도 후성유전의 영향을 받는다는 근거가 있다. 한 연구팀은 세포 수와 해부학적 구조가 항상 일정하고, 유전자 구조가 인간과 비슷해 연구에 가장 많이 쓰이는 예쁜꼬마선충C. elegans을 연구하며, 예쁜꼬마선충이 한 세대에서 위험한 박테리아를 피하는 방법을 학습하면 다음 세대에도 이러한 회피 행동이 전달된다는 사실을 발견했다.[4]

인간도 후성유전을 통해 한 세대에서 학습한 형질을 다음 세대에게 물려줄 수 있다. 거의 모든 세포의 유전자에는 인체의 전체적인 청사진인 1.8미터 길이의 유전 암호가 담겨 있다. 세포는 유전 암호의 어느 부분을 복사하여 어떤 단백질을 만들지 결정함으로써 뇌세포, 피부세포 또는 다른 유형의 세포로 분화한다. 환경의 변화도 여기에 영향을 미친다. 환경의 영향을 받은 몸은 유전 정보를 담고 있는 DNA의 해당 부분의 복제를 억제하거나 촉진하는 분자 표지molecular marker(유전체 내에서 위치가 알려져 있는 DNA 단편으로, 염기 서열이 알려져 있지 않은 DNA에 특정 유전자가 존재하는지 여부를 확인하는 데 이용한다)를 생성해 유전 암호의 한 부분을 복사하거나 건너뛰어 또 다른 단백질이 만들어지도록 할 수 있다.

예를 들어 흡연자이거나 환경 독소에 노출된 경우, 일시적이지만 DNA 발현 방식을 변화시키는 표지가 나타난다. 유전자가 집 전체의 청사진이라고 한다면, 유전자 발현은 그 집에 문과 창문을 만들지 말지를 결정하는 것이라고 할 수 있다. 이렇게 한 세대에서 유전자가 발현되는 방식은 다음 세대로 전달될 수 있는데, 담배를 끊거나 환경 독소를 피하면 시간이 지남에 따라 DNA가 정상적으로 돌아온다. 악몽을 꾸는 성향이 부모에게서 자식에게 전달될 수 있다는 점을 생각하면, 우리 조상들의 꿈이 후성유전을 통해 (어떤 식으로든) 우리의 잠자는 정신에 여전히 영향을 끼치고 있는 것은 아닌지 궁금해진다.

밤에 찾아오는 섬뜩한 불청객, 가위눌림

*

잠에서 깼는데 움직일 수 없고, 공포감에 휩싸여 숨이 가빠지며, 가슴에 무거운 바위가 얹힌 것처럼 금방이라도 질식할 것만 같은 순간을 상상해보자. 윙윙거리는 소리가 들리거나, 몸에 전기가 흐르는 느낌이나 진동이 느껴지거나, 몸이 떠다니거나, 누군가가 내 몸을 만지는 느낌이 들 수도 있다. 혹은 악마의 웃음 같은 환청이 들릴 수도 있고, 사람이나 동물 또는 사악한 존재가 바로 내 곁에서 나를 위협하거나, 만지거나, 질식시키거나, 찌르려고 하는 것이 보일 수도 있다. 이런 현상이 일어난다면, 당신은 흔히 가위눌림이라고 불리는 수면 마비sleep paralysis를 경험한 것이다.

인구의 최대 40퍼센트가 일생에 한 번 이상 수면 마비를 경험한 것으로 추정된다. 수면 마비는 매우 보편적인 현상이기 때문에 전 세계 문화권에서 이 경험을 두고 서로 다르면서도 놀랍도록 유사한 설명을 한다.

고대 메소포타미아에서는 수면 마비 현상을 두고 잠자는 이와 성관계를 원하는 남자 악마 인큐버스incubus 또는 여자 악마 서큐버스succubus 때문이라고 생각했다. 로마 동쪽의 이탈리아 아브루쪼Abruzzo에서는 판다페체pandafeche라 불리는 사악한 마녀를 그 원인으로 여겼다. 이집트에서는 진jinn이라는 사악한 정령을 원인으로 생각했고, 중국에서는 유령의 방문이라고 여겼다. 이누이트족은 꿈꾸는 이의 연약한 영혼을 공격하는 샤머니즘의 한 형태라고 생각했다. 18세기 스위스 태생의 예술가 요한 하인리히 퓌슬리Johann Heinrich Füssli는 수면 마비를 도깨비 같은 악마가 잠자는 여인의 가슴 위에 앉은 모습으로 묘사했다. 최근에는 인간을 납치하려고 하는 우주 외계인을 원인으로 생각하는 사람들도 있다. 수면 마비만큼 심장을 두근대게 하고, 환각을 보여주는 섬뜩한 경험을 이런 이유가 아닌 이상 달리 어떻게 설명할 수 있겠는가?

'악몽'을 뜻하는 단어 '나이트메어nightmare'는 '나이트night'와 '메어mare'라는 두 단어를 합친 것으로, 그 어원은 1300년경으로 거슬러 올라간다. 여기서 'night'는 밤을, 'mare'는 잠자는 동안 사람들을 괴롭히는 악령을 의미한다. 수면 마비는 때때로 몸이 마비된 채 누워 있는 동안 성희롱을 당하는 것처럼 느껴질 수 있기 때문에 앞서 언급한 인큐버스나 서큐버스와 같은 악령이 이 끔찍한 경험을 일으킨다고 여겼다.

수면 마비에 대한 최초의 임상적 설명 중 하나는 1644년 네덜란드 의사 이스브란트 판 디에머브룩Isbrand van Diemerbroeck이 작성한 〈인큐버스, 또는 밤의 악령Incubus, or the Night-Mare〉이라는 사례 보고서다. 그는 수면 마비의 두려움과 공포를 잘 포착하여 이렇게 묘사했다.

> "그녀는 밤마다 잠을 청할 때면, 악마가 자기 위에 올라타 가슴을 압박한다고 믿었다. 그럴 때면 마치 큰 개나 도둑이 가슴에 올라앉아 목을 조르는 것처럼 말도 못하고, 숨도 잘 쉬지 못했다."

수면 마비는 전형적으로 두 가지 특징을 보이는데, 그중 하나가 신체가 마비되며 질식할 것 같은 느낌이 든다는 것이다. 더 무서운 것은 이러한 신체적 감각이 대개 침입자가 가까이 있는 듯한 불길한 느낌이나 가슴에 짐승이 웅크리고 있는 듯한 환각을 동반한다는 것이다. 이러한 현상은 어떻게 동시에 나타날까?

잠을 잘 때 신체가 마비되는 것은, 생생하게 꿈을 꾸는 동안 우리를 안전하게 지키기 위해 반드시 필요하고 중요한 과정이다. 그렇지 않으면 '꿈 행동 증상dream enactment behavior'을 겪는 환자들에게서 볼 수 있는 것처럼, 잠들어 있는 중에도 몸은 깨어 있어 꿈속에서 하는 행동을 실제로 하게 된다(5장에서 자세히 다룰 것이다). 그렇기 때문에 이 증상을 겪는 환자들은 잠결에 발로 차고, 몸부림치고, 소리를 지른다. 하지만 수면 마비는 정반대다. 즉, 뇌는 깨어났지만 몸은 잠들어 마비된 상태로, 우리가 몸 안에 갇혀버리는 상태가 되는 것이다.

이때 근육의 어느 부분이 마비되었느냐에 따라 수면 마비 중 질식감이나 가슴에 큰 무게감이 느껴질 수 있다. 횡격막은 산소를 폐로 끌어들이는 데 사용하는 주요 근육이다. 이 횡격막은 수면 중 근육 마비의 영향을 받지 않기 때문에 자면서 숨을 쉴 수 있지만, 자는 동안 갈비뼈 사이와 목에 위치하며 흉곽을 최대한 확장하여 폐 구석 깊숙이 숨을 들이마실 수 있게 하는 다른 호흡 근육이 마비될 때가 있다. 이 보조 근육은 우리가 언덕을 오를 때나 근처에 두려운 존재가 숨어 있다는 생각에 '헉' 하고 겁에 질릴 때 사용되는 부위인데, 이곳이 마비되면 당황하게 되며, 아무리 숨을 들이마셔도 원하는 만큼 숨을 쉴 수 없게 된다. 이 때문에 질식할 것 같은 느낌이 드는 것이다.

여러 민족과 문화권에서 보고된 수면 마비의 또 하나의 특징은 바로 그림자 형상이라고 부르는 숨어 있는 침입자의 느낌이다. 이 기괴하고 강력한 현상의 유력한 원인은 귀 근처에 위치한 측두 두정 접합부temporoparietal junction가 활성화되기 때문이다. 이곳은 측두엽과 두정엽의 경계를 이루는 부위로, 자극을 받으면 독특한 현상을 발생시킨다. 이 부위가 과하게 활성화되면 조현병 환자는 자신의 행동을 다른 사람의 행동으로 여기게 된다. 이 영역과 관련된 현상들을 증명할 수 있는 가장 강력한 방법은 아마도 각성 뇌 수술일 것이다.

측두 두정 접합부에 전기 자극을 가하면 그림자 같은 미지의 형상이 가까이에 있는 듯한 환상을 유발할 수 있다. 뇌전증 치료를 위해 깨어 있는 상태에서 뇌 수술을 받은 한 22세 여성은 좌측 측두 두정 접합부에 전기 자극을 가하자 누군가 뒤에 있는 듯한 착각을 일으켰다.[5] 전기 자극은 두 번 더 반복되었는데, 그때마다 환자는 그림자 같은 인물이 뒤에 있는 듯한 느낌을 받았다. 다시 전기 자극을 가하자, 여성은 일어나 무릎을 가슴 쪽으로 당겨 앉고는 그림자 남성이 자신을 껴안는 듯한 불쾌한 느낌이 든다고 말했다. 이 여성에게 카드를 들고 언어 테스트 과제를 수행해보라고 요청하자, 그 그림자 형상이 카드를 빼앗으려 한다고 말했다. 이 여성은 방 안에 의료진 외에 다른 침입자가 있다고 인식했을 뿐만 아니라 그의 행동에 적대적인 의도가 있다고 생각했다.

측두 두정 접합부는 촉각과 그에 대한 반응을 통해 우리 몸의 위치와 경계, 다른 사람의 몸이 시작되는 경계를 파악한다. 수면 마비의 핵심적인 특징인 '그림자 형상'은 측두 두정 접합부에 발생한 일종의 전기적 장애가 흐릿해진 우리 몸의 경계에 가까이 다가와 있는 소름 끼치고 악의적인 '타자'를 만들어낸 결과일 가능성이 높다.

수면 마비의 마지막 부분이자 설명하기 가장 어려운 부분은 도깨비와 악마, 인큐버스와 서큐버스, 유령, 우주 외계인 등 수면과 각성 사이의 틈새 공간에서 보이는 환각 증상이다. 이에 대한 과학적 근거는 여전히 규명하기 어렵고 까다롭다. 다만 가설을 세워보자면, 잠에서 깨어날 때 분비되는 신경전달물질인 세로토닌이 다른 각성 신경전달물질과 조화를 이루지 못해 발생하는 일종의 불일치 현상일 수 있다. 궁극적으로 수면 마비 중의 환각은, 세로토닌 조절에 의존하는 환각제를 먹은 뒤 경험하는 강렬한 환각에 가깝다.

세로토닌은 선택적 세로토닌 재흡수 억제제SSRI로 알려진 항우울제에 의해 촉진되는 신경전달물질이다. 하지만 사실 세로토닌의 주요 기능은 우울증이나 기분과는 관련이 없으며, 각성을 촉진하고 렘수면을 억제하는 기능을 한다. 따라서 수면 중에는 이 세로토닌 수치가 0으로 떨어지고, 깨어 있을 때 세로토닌 수치가 회복된다.

물론 수면 마비는 전적으로 신체적인 현상은 아니다. 꿈을 꾸는 뇌가 짜임새와 안정감을 부여하기 위해 이야기를 엮어가는 것처럼, 우리의 뇌는 수면 마비 중에 경험하는 이상하고 끔찍한 감각에 의미를 부여하려고 노력한다. 여기에 문화와 신념이 중요한 역할을 한다. 믿기 어려울 수 있지만, 우리가 자란 곳과 믿는 것이 수면 마비 경험을 크게 좌우할 수 있다. 이탈리아나 이집트, 혹은 민속적으로 사악한 마녀, 악마 등 악한 존재가 수면 마비의 원인이라고 믿는 지역에서 자란 사람은 이러한 미신이 없는 나라에서 자란 사람과는 수면 마비를 다르게 경험하거나, 느끼는 공포의 수준이 다를 수 있다. 꿈꾸는 사람의 사고방식이 수면 마비의 경험에 큰 영향을 끼치는 것이다.

생각해보라. 잠에서 깼는데 몸이 마비 상태일 때, 악한 존재가 근처에 숨어 있다고 생각하거나, 지금 느끼는 신체적 불편함이 사악한 존재가 나를 공격하고 있기 때문에 느껴지는 것이라면 공포의 정도는 훨씬 더 커지지 않겠는가? 공포에 휩싸이면 호흡이 더 힘들어지고, 가슴에 가해지는 압력이 더 커지고, 그 경험이 더 트라우마로 다가올 것이다.

수면 마비 상태로 깨어났을 땐 어떻게 해야 할까? 질식할 것 같은 느낌, 가슴을 쥐어짜는 듯한 압박감, 환각, 공포에 어떻게 대처해야 할까? 사실 살면서 겪은 일들 중 이 정도로 두려운 일은 거의 없다. 중요한 것은 깨어 있는 정신을 이용하여 이 초현실적이고 끔찍한 상황을 받아들이는 것이다. 공포와 두려움은 마음이 만들어낸 것이다. 바로 그 마음을 이용해서 두려움을 가라앉히고 공포심과 싸우거나 투쟁-도피 반응을 낮추는 것이 가장 현명한 방법이다.

수면 마비를 경험할 때는 억지로 움직이려고 하지 말고, 지금 일어나고 있는 일은 일시적인 현상이며 실제로 두려워할 이유가 없음을 떠올리자. 눈을 감고 방 안에서 느껴지는 듯한 모든 존재는 상상일 뿐이라고 자신에게 말하는 것도 좋다. 긍정적인 것에 내면을 집중하는 명상도 도움이 될 수 있다.

악몽의 두려움에서 벗어나는 법

✳

이번 장의 서두에서 소개한 줄리아의 이야기로 돌아가보자. 줄리아는 악몽을 꾸면 때때로 몸이 바들바들 떨리거나 얼굴이 눈물에 젖은 채로 잠에서 깨곤 했다. 잠에서 깬 뒤에도 불안함과 악몽의 강렬한 감정이 지속되었다.

악몽은 너무나 강렬하고 잊기 힘든 꿈이기 때문에 줄리아처럼 깨어 있는 동안에도 불안감을 높일 수 있다. 악몽을 꾼 다음 날에는 대부분 사람들이 악몽을 꾸지 않았던 때보다 더 불안하고 정신적으로 불안정한 것이 일반적이다. 수면 일기를 쓰는 간호사를 분석한 한 연구에 따르면 스트레스를 많이 받은 날에 악몽을 더 많이 꾸고, 악몽을 꾼 다음 날에는 스트레스를 더 많이 받는 것으로 나타났다. 다시 말해, 악몽과 스트레스는 건강하지 않은 악순환을 만들 수 있다는 것이다.

악몽을 자주 꾸게 되면, 우리는 일반적으로 수면을 아예 피하고 싶어진다. 잠들지 않으면 악몽도 꾸지 않을 테니 말이다. 하지만 안타깝게도 스스로 유발한 불면증은 일주기 리듬을 더욱 어지럽혀 악몽의 빈도를 높일 뿐이다. 그렇다면 반복되는 악몽을 대체 어떻게 해결할 수 있을까?

먼저, 꿈은 기이하고 특별한 상상의 경험이라는 점을 기억하자. 우리의 악몽은 정교한 상상력의 극치다. 꿈을 꿀 때 주의는 내면으로 향하고 상상력 네트워크가 활성화된다. 하지만 그렇다고 해서 그것이 자율적으로 작동한다는 의미는 아니다. 꿈은 우리 뇌가 만들어낸 것이고 마음 상태에 크게 영향을 받는다. 즉, 우리 자신이 꿈에서 능동적인 역할을 할 수 있다는 뜻이다.

연구자들은 자기 암시 또는 꿈 배양dream incubation이라는 과정을 통해 꿈을 특정 방향으로 유도할 수 있음을 보여주었다. 방법은 이렇다. 먼저, 잠들기 전에 "나는 어떤 것에 대한 꿈을 꾸고 싶다"라고 소리 내어 말해보는 것이다. 꿈에서 만나고픈 사람이나 꿈속의 상황을 머릿속에서 구체적으로 그려보는 것도 좋고, 침대 옆 협탁에 꿈을 꾸고 싶은 대상의 사진을 붙여 놓는 것도 좋은 방법이다. 꿈은 시각적인 현상이기 때문에 이런 방법들은 '꿈의 언어'로 말하는 것과 같다.

불안과 스트레스는 악몽의 원인이 될 수 있으므로 낮 동안 불안을 낮추기 위한 치료나 요법을 활용하면 악몽의 빈도를 줄일 수 있다. 꿈은 우리의 감정 상태를 반영하므로 잠들기 전의 명상이나 요가와 같은 차분한 루틴을 만드는 것도 도움이 될 수 있다. 잠들기 전의 기분을 바꿈으로써 꿈을 조절하는 것이다.

끔찍한 악몽이 평화로웠던 일상을 망가뜨리자 줄리아는 친구의 제안을 받아 치료사를 찾아갔다. 거기서 '이미지 리허설 요법Imagery Rehearsal Therapy'이라는 것을 배웠는데, 이 치료의 목표는 악몽의 내용을 재구성하여 그로부터 벗어나는 것이다. 숙련된 전문가가 안내하는 이미지 리허설 요법은 보통 네 번의 세션으로 구성되며 2단계 과정으로 나누어 진행된다. 처음 두 세션에서는 악몽이 수면에 미치는 영향과 악몽이 어떻게 학습된 행동으로 발전할 수 있는지 살펴본다. 이어지는 두 번의 세션에서는 낮 동안의 이미지와 리허설을 통해 악몽의 줄거리를 근본적으로 바꾸는 방법을 배운다. 악몽처럼 심오하고 민감한 문제에 대해 이미지 리허설 요법은 너무 단순한 접근법처럼 들릴 수도 있지만 이 기법은 잘 설계된 연구를 통해 엄격하게 개발되었으며, 치료 세션이 끝난 후 많은 사람의 악몽이 개선되면서 그 효과를 입증한 방법이다.

줄리아의 이미지 리허설 요법은 반복되는 악몽의 내용을 떠올리고, 그 내용을 좀 더 즐겁고 행복한 내용으로 바꾸어 깨어 있는 동안 그 이야기를 혼자서 몇 번이고 되풀이하는 방식으로 진행되었다. 악몽은 모든 꿈과 마찬가지로 상상의 산물이기 때문에, 악몽의 근원이 되는 바로 그 상상력을 이용하여 악몽의 끔찍한 순간에서 벗어날 수 있다. 거칠고 어두운 상상의 비행을, 같은 내용의 더 밝은 버전으로 바꾸어 조종하는 것이다. 이미지 리허설 요법을 사용하면 꿈속의 다양한 부분들을 가능한 한 많이, 새롭고 더 긍정적인 줄거리로 바꿔 쓰거나 시각화할 수 있다.

줄리아는 괴로울 정도로 자주 꾸는 악몽에서 벗어나기 위해 이 기법을 시도했다. 다른 악몽과 마찬가지로 이 악몽도 평범한 꿈으로 시작되었다.

> "꿈은 늘 가장 친한 친구와 함께 스페인 남부의 한적한 마을을 걷는 장면으로 시작해요. 그러다 갑작스럽게 상황이 바뀌죠. 하늘에서 별안간 폭탄이 떨어지고, 평화롭던 마을이 쑥대밭이 돼버려요. 여기저기서 사람들이 죽어나가고, 곳곳에서 유혈 사태가 일어납니다. 저랑 친구는 공포에 질린 채로 이 무서운 마을에서 벗어나야 한다는 생각에 여기저기를 뛰어다녀요. 하지만 그 어디에도 도망칠 곳도, 숨을 곳도 보이지 않죠. 그렇게 하염없이 도망치다가 꿈에서 깨는 거 같아요."

줄리아는 이미지 리허설 요법을 통해 이 악몽의 대본을 다시 썼다. 치료사의 조언에 따라 후각, 촉각, 미각과 같은 감각적인 세부사항도 추가했다. 재구성된 꿈은 이전과 같이 아름다운 스페인 마을을 산책하는 것으로 시작되지만, 마을에 폭탄이 떨어지며 탈출구를 찾아 헤매는 대신 줄리아와 친구는 꽃이 만발하고 아름다운 나무들이 자리 잡은 공원에 앉아 따뜻한 바람을 만끽한다. 줄리아는 새롭고 행복한 버전의 꿈을 타이핑하여 몇 주 동안 매일 오후 혼자서 소리 내 읽었다. 그는 자신이 쓴 글을 읽으면서 새로 쓴 꿈을 생생하고 자세하게 마음속으로 그려보았다.

처음 치료를 시작할 때 줄리아는 회의적이었다. 이렇게 간단한 해결책으로 악몽을 진정시킬 수 있을까? 하지만 놀랍게도 이미지 리허설 요법은 효과가 있었다.

줄리아는 자신을 괴롭히는 다른 악몽에도 이 방법을 사용해보았다. 텅 빈 거리에서 한 남자가 밤에 그를 따라다니는 악몽에서, 따라오던 남자가 사실은 해치려는 것이 아니라 줄리아가 잃어버린 무언가를 찾아주려던 것으로 내용을 재구성했다. 그렇게 줄리아의 악몽은 새로운 줄거리 덕분에 긍정적이고 기분 좋은 결말을 맞이하는 방향으로 바뀌었다. 이 리허설 치료를 받은 후, 줄리아는 4년 동안 악몽을 거의 꾸지 않았다.

줄리아가 악몽을 빈번하게 꾸었던 원인은 끝내 밝혀지지 않았다. 우울증에 걸린 것도 아니었고, 악몽을 일으킬 만한 트라우마가 있는 것도 아니었으며 일상에서 불안함과 스트레스를 많이 느끼는 편도 아니었다. 5장에서 더 자세히 살펴보겠지만, 성인기에 시작된 잦은 악몽은 때때로 더 심각한 건강 문제를 암시하기도 하는데, 줄리아의 경우 어렸을 때부터 악몽을 자주 꾸었기 때문에 그 경우에도 해당되지 않았다. 그렇다면 줄리아의 악몽을 유발한 건 무엇이었을까? 어린 시절에 시작된 인지 발달이 지금껏 계속되고 있어 그 시절의 악몽이 사라지지 않았던 건 아니었을까?

악몽을 치료하는 방법, 자각몽

*

자각몽은 이미지 리허설 요법과 비슷한 방식으로 만성적으로 악몽을 꾸는 사람들에게 효과가 있다. 자각몽은 잠든 상태에서 자신이 꿈을 꾸고 있다는 것을 알고 있을 때 발생한다(이에 대한 자세한 내용은 6장과 7장에서 설명할 것이다). 자각몽을 꾸는 사람은 미리 재구성한 꿈의 대본을 준비하는 대신, 악몽을 꾸는 그 순간 꿈속에서 바로 변화를 줄 수 있다. 연구에 따르면 자각몽은 악몽의 빈도를 줄일 뿐 아니라 악몽을 덜 무섭게 만들 수 있다고 한다. 자각몽을 연구하는 연구자들은 모든 사람이 악몽을 꾸는 동안 꿈을 자각할 수 있는 것은 아니지만, 전반적으로 자각몽 실험 참가자들이 악몽을 덜 꾸었고 악몽 자체에 변화가 있었다고 보고했다. 악몽을 극복할 수 있다는 믿음만으로도 악몽을 변화시킬 수 있는 것이다.

다만 악몽이 PTSD로 인해 생긴 것이라면 이와는 조금 다른 과정이 필요하다. 이 악몽은 사람의 상상력이 아니라 실제의 트라우마 경험에서 비롯된 것이기 때문이다. PTSD 환자들의 악몽은 본질적으로 수면 중 뇌에서 일어나는 플래시백(과거의 장면을 회상하는 것)이라고 보는 편이 정확하다. 따라서 이런 악몽은 현실에 기반을 두고 있기 때문에 보통의 악몽보다 더 괴로울 수 있으며, 이렇게 트라우마로 인해 유발되는 악몽은 그 패턴에서 벗어나기가 특히 더 어렵다. 공포와 놀람 반응을 차단하는 약물이 부분적으로 성공적인 효과를 보이긴 했지만, 이 약물은 어지럼증, 두통, 졸음, 무력감, 메스꺼움 등의 흔한 부작용을 일으킬 수 있어 좋은 방법이라고 보긴 어렵다.

뉴멕시코대학의 배리 크라코Barry Krakow는 이미지 리허설 요법이 악몽을 완화하는 것과 같은 방식으로, PTSD로 인한 반복적인 악몽을 완화하는 데 효과가 있는지 알아보기로 했다.[6] 그는 심각한 PTSD를 가진 성폭행 생존자 그룹을 대상으로 이 기법을 시도했다. 세 시간 동안 세 차례의 세션이 실시되었는데, 첫 번째 세션을 통해 참가자들은 반복적인 악몽이 더 이상 그들의 감정을 처리하는 데 유용하지 않다는 사실을 깨달았다. 그런 다음 습관이나 학습된 행동과 마찬가지로 악몽도 치유의 대상이 될 수 있다는 것을 배웠다. 마지막 세션에서는 하나의 악몽을 골라 원하는 대로 내용을 고친 다음, 수정된 꿈을 하루에 5분에서 20분 정도 상상하는 연습을 진행했다. 또한 일상 속에서 트라우마나 악몽의 내용 자체를 자세히 이야기하는 것은 피하도록 했다. 크라코와 그의 연구팀이 3개월과 6개월에 걸쳐 연구 대상자들을 추적 관찰한 결과, 변형된 악몽의 줄거리를 써보고 새로운 내용을 상상하는 연습이 악몽의 발생 횟수를 줄이고 수면의 질을 개선하는 데 도움이 된다는 사실을 발견했다. 이를 통해 이미지 리허설 요법이 PTSD로 인한 악몽에도 효과가 있음을 알 수 있었다.

얼핏 보면 악몽은 이치에 맞지 않는다. 악몽은 우리를 괴롭게 할 뿐 아니라 우리가 깨어 있는 동안의 삶에 아무런 도움이 되지 않는 것처럼 보이기 때문이다. 하지만 악몽이 불쾌하기는 해도 결코 부정적인 존재라고 단정 지을 순 없다. 악몽은 일상의 경험으로는 불가능한 방식으로 우리의 어린 마음을 단단하게 만들어주며, 주변 사람들과 분리된 개인으로서 우리 자신을 정의하고 인식하도록 도와주기 때문이다. 결과적으로 악몽은 우리의 마음과 정신을 형성하는 데 도움이 된다.

꿈과
욕망

꿈속에서 펼쳐지는
욕망의 세계

전 세계 대부분의 사람들이 밤에 '야한 꿈'을 꾼다. 우리는 꿈속에서 새로운 파트너를 탐하기도 하고, 현실과 다른 성욕을 갖기도 한다. 이 관능적인 이야기가 가진 힘은 대체 무엇일까? 그리고 꿈속에서 오르가슴을 느낄 수 있다는 말은 과연 사실일까? 우리의 숨겨진 욕망이 펼쳐지는 꿈속으로 들어가보자.

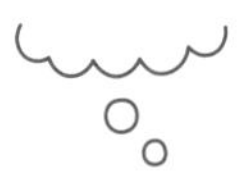

에로틱하고 관능적인 꿈은 인간 본성의 일부다. 원하지 않는다고 해서 마음대로 멈출 수 있는 것이 아니다. 폐경도, 성충동 약물치료도 에로틱한 꿈을 끝내거나 없애지 못하며, 당신이 성적으로 활동적인지, 금욕주의인지, 결혼했는지 독신인지 등에 따라서 달라지지도 않는다. 관능적인 꿈은 인류 보편적 현상인 것이다.

전 세계에서 실시된 일반 인구 조사에서 영국인의 90퍼센트, 독일인의 87퍼센트, 캐나다인의 77퍼센트, 중국인의 70퍼센트, 일본인의 68퍼센트, 미국인의 66퍼센트가 성적인 꿈을 꾼 적이 있다고 답했다. 적나라하게 묘사되는 성적인 꿈뿐만 아니라 모든 관능적인 꿈을 포함하도록 질문의 범위를 넓히면 '그렇다'는 응답이 90퍼센트를 훌쩍 넘는다. 모든 이에게 보편적으로 나타나는 꿈의 유형은 본질적으로 악몽과 관능적인 꿈뿐이며, 이 두 가지 꿈 모두 깨어 있는 우리의 삶에 큰 영향을 미친다.

성적 이미지가 포함되는 꿈은 우리가 꾸는 꿈을 통틀어 약 12분의 1 정도로 추정된다. 연구마다 약간의 차이는 있지만, 에로틱한 꿈에서 가장 흔하게 등장하는 이미지는 키스, 성교, 관능적인 포옹, 구강성교, 자위의 순서로 나타난다. 다양한 감각을 처리하는 대뇌피질에서 각 감각에 할당된 공간을 지도로 표현했을 때, 혀와 입술의 감각을 처리하는 공간이 다른 감각에 비해 넓다는 점을 생각하면, 키스가 관능적인 꿈에서 가장 많이 등장한다는 사실은 놀랍지 않다.

키스에 관한 것이든 그 이상의 것이든, 에로틱한 꿈은 쉽게 잊히지 않는다. 관능적인 꿈은 우리를 즐거움으로 들뜨게 하거나 강한 질투심을 유발하기도 하고, 어떤 경우에는 불안하게 만들기도 한다. 하지만 성적인 꿈에 전 애인이 등장했다면, 이건 무엇을 의미할까? 당신의 파트너가 다른 사람에 대한 에로틱한 꿈을 꿨다면 어떨까? 자신 혹은 파트너가 꾼 에로틱한 꿈에 대해 걱정해야 할까? 이러한 꿈은 우리의 진정한 욕망에 대해 뭔가를 드러내는 것일까?

야한 꿈은 또 다른 형태의 상상력이다

*

먼저, 에로틱한 꿈을 꾸는 데 현재 연애 여부가 영향을 미친다. 연애를 하고 있는 남성의 경우, 그렇지 않은 남성에 비해 에로틱한 꿈을 꾸는 빈도가 더 높다. 여성은 파트너가 보고 싶을 때나 연애가 한창일 때 성적인 꿈을 더 많이 꾸는 반면, 남성은 이러한 상황에서 에로틱한 꿈의 빈도가 잦아지지는 않는다. 하지만 남성과 여성 모두에게서 동일하게 나타나는 한 가지 특징이 있는데, 거의 모든 사람이 바람을 피우는 꿈을 꾼다는 것이다.

이 현상을 어떻게 해석해야 할까? 꿈의 창조자로서, 우리는 이 심야 드라마의 출연진과 무대, 스토리를 선택한다. 우리가 꾸는 꿈은 자기만의 관능적인 작품이다. 그렇다면 파트너를 두고 바람을 피우는 꿈은 관계에 불성실하거나, 적어도 관계에 있어 새로운 가능성을 열어두고 있다는 신호일까? 에로틱한 꿈이 우리의 리비도libido, 즉 성 충동이 여과되지 않고 분출된 것이 아니라면 대체 이 꿈들은 어디서 생겨나는 걸까?

이 질문에 대해 생각하기 위해서 먼저 관능적인 꿈이 무엇이고 어떻게 만들어지는지 살펴볼 필요가 있다. 지금까지 얘기해왔듯이, 꿈을 꾸는 동안에는 수행 네트워크가 비활성 상태가 되고, 그 자리를 상상력 네트워크가 대신한다. 해방된 상상력 네트워크는 머릿속의 기억과 주변 인물들 사이의 느슨한 연결고리를 자유롭게 탐구한다. 자연스럽게 새로운 방식으로 사물을 바라보면서 과거의 경험을 더 잘 이해하고, 미래에 일어날 수 있는 일들을 더 명확하게 파악할 수도 있다. 바로 이러한 꿈의 자유로운 사고방식은, 깨어 있는 동안에는 상상할 수조차 없는 시나리오를 꾸며내 우리 주변의 사람들을 놀랍거나 조금은 불편할 수도 있는 에로틱한 방식으로 생각하도록 몰아가기도 한다.

꿈을 꾸는 동안에는 논리적인 사고를 하지 않기 때문에 이러한 에로틱한 상상에 제동을 걸 수 없고, 이에 대한 도덕적인 판단을 할 수 없다. 그래서 꿈속에서는 깨어 있을 땐 금기시되는 생각이나 상상조차 할 수 없는 성적인 시나리오를 써내려갈 수 있게 되는 것이다.

연구자들이 수집한 사람들의 꿈 이야기들은 우리가 꿈에서 얼마나 자유로운지 잘 보여준다. 야한 꿈은 대개 깨어 있을 때의 성생활을 그대로 재현하지 않는다. 연애 중인 사람들의 거의 대부분은 꿈에 현재의 파트너가 등장하지도 않는다. 그 대신 야한 꿈속에서는 양성애 혹은 새로운 성적 경험에 대한 성향이 훨씬 더 강하게 나타난다.

꿈속에서는 원하는 누구와도 자유롭게 함께할 수 있다. 이런 자유가 주어진다면 사람들은 누구와 함께하고 싶을까? 에로틱한 꿈의 판타지에서 사람들은 말 그대로 꿈에서만 그리던 이상적인 특징을 전부 섞은 상상 속의 연인을 만들어낼 것 같지만 놀랍게도 실제로는 그렇지 않다. 그 대신 일반적으로 주변의 평범한, 심지어는 불쾌하다고 생각했던 사람이 등장한다. 그래서 야한 꿈에는 전 애인, 상사나 동료, 친구, 이웃 등 다양한 사람이 등장하고, 어릴 때는 가족이나 친척 등 친숙한 사람이 등장하는 경향이 있다. 야한 꿈의 다섯 번 중 네 번은 꿈꾸는 사람이 잘 아는 사람과 관련되어 있으며, 꿈속의 에로틱한 접촉 또한 대체로 익숙한 장소에서 일어난다.

이렇듯 깨어 있을 때라면 불쾌했을 상대와 성관계를 갖는 꿈을 꿀 수 있다는 점에서 '성적 악몽'이 실제로 존재한다는 걸 알 수 있다. 이런 꿈을 꾸고 나면 상당히 당황스럽겠지만, 이는 그저 상상력 네트워크가 꿈을 통해 평소와는 다른 유형의 사회적 관계를 탐구하는 것일 수도 있다.

유명인을 알아보는 뉴런

✳

물론 관능적인 꿈에는 유명인이나 세상에 잘 알려진 역사적 인물이 등장할 때도 있다. 그런 꿈을 꾼 적이 있다면, 할리우드 스타의 이름을 딴 '할리 베리 뉴런Halle Berry neuron'에 고마워해야 한다. 신경외과 의사와 과학자가 함께 진행한 여러 학술 협력을 통해, 인간의 뇌에 가장 친숙한 사람과 장소를 전담하는 개별 뉴런이 있다는 사실이 밝혀졌다. 여기에는 가족, 어린 시절의 고향, 유명한 인물이나 장소가 포함된다. 예를 들어 시드니 오페라 하우스나 에펠탑에 반응하는 뉴런이 있을 수 있으며, 같은 방식으로 특정 유명인에게 반응하는 뉴런도 있다.

이 놀라운 사실은 영국 레스터대학교의 로드리고 퀴안 키로가Rodrigo Quian Quiroga 교수가 뇌전증 수술을 앞두고 대뇌피질에 머리카락 굵기의 가는 전극을 삽입한 환자를 연구하면서 발견했다.[1]

뇌전증은 정상적인 뇌 활동을 방해하는 불량 뇌파로 인해 뇌에 전기적 폭풍이 몰아쳐 의식 소실이나 발작과 같은 증상이 반복되는 뇌 질환이다. 일반적으로는 약물로 증상을 멈출 수 있지만, 약물이 듣지 않으면 수술을 해야 할 수도 있다. 수술이 효과가 있으려면 뇌에서 발작이 시작되는 위치, 즉 발작 개시 영역과 발작이 퍼지는 영역을 정확히 알아야 한다. 이를 파악하기 위해 환자는 며칠에서 몇 주 동안 병원에 입원해 발작의 시작부터 끝까지 뇌파를 관찰하면서 뇌의 지도를 그려낸다. 발작이 뇌의 어디서 시작되고 어떻게 이동하는지 알게 되면 발작 개시 부위의 뇌 조직을 절개하는 수술을 통해 발작을 막을 수 있다.

키로가 교수는 환자들의 발작이 시작되는 것으로 추정되는 귀 위쪽과 앞쪽, 그리고 뇌의 중앙 깊숙한 곳에 위치한 내측 측두엽에 두개강내(머리뼈 속 공간)에 전극을 삽입했다. 기억과 관련된 두 가지 핵심 구조인 해마와 편도체가 바로 내측 측두엽에 자리 잡고 있다.

키로가 교수는 개별 뉴런 단위로 어떤 일이 일어나는지 확인하고자 했다. 그는 삽입된 미세 전극과 '단일 세포 기록single-cell recording'(개별 세포 단위로 전기생리학적 반응을 측정하는 기술)이라는 기술을 통해 두개강내 전극의 신호를 사용하여 개별 뉴런의 발화 여부를 확인했다. 바다의 밀물과 썰물이 아닌, 바다에 이는 물결의 모양을 관찰하는 것과 같다고 생각하면 이해가 쉬울 것이다. 이에 앞서 로스앤젤레스 캘리포니아대학교에서 수행된 단일 세포 기록에 따르면 내측 측두엽에서 전기적으로 활성화된 개별 뉴런은 얼굴과 움직이지 않는 물체 등을 구별하며, 행복이나 슬픔, 분노, 놀람, 두려움, 혐오와 같은 특정 감정 표현을 구분할 수 있는 것으로 나타났다.

키로가 교수는 단일 세포 기록을 사용하여 개별 뉴런이 유명인의 사진에 선택적으로 반응한다는 놀라운 사실을 알아냈다. 한 환자의 경우, 어떤 한 뉴런이 할리 베리의 사진에는 반응했지만 다른 사람이나 장소의 이미지에는 반응하지 않았다. 이 뉴런은 그녀가 영화 의상을 입고 있는 사진에도 발화했고, 심지어 그녀의 이름만 적혀 있는 이미지에도 다시 발화했다. 또 다른 환자의 경우, 한 뉴런이 배우 제니퍼 애니스톤Jennifer Anniston의 사진에는 반응했지만 다른 사람들이나 동물, 건물 사진에는 아무 반응도 보이지 않았다.

유명인의 이미지를 알아보는 개별 뉴런이 존재한다는 것은 유명인이 우리 삶에 미치는 영향이 얼마나 큰지를 보여주는 아주 흥미로운 현상이다. 유명인들은 말 그대로 우리의 머릿속에 뿌리를 내리고 있었다. 이들에 대한 뉴런의 반응은 그들이 마치 오래된 친구나 이웃처럼 우리에게 친숙하다는 것을 시사한다. 유명인들은 우리 뇌의 뉴런이라는 물리적 공간에 자리 잡고 있기 때문에, 유명인이 등장하는 야한 꿈은 매우 친숙한 사람에 대한 꿈이라고 결론 내리는 것이 합리적이다. 그렇다면 주변의 익숙한 사람이나 유명인과 관련된 야한 꿈은 무슨 의미를 지니고 있을까? 이러한 꿈이 우리에게 말해주는 것은 무엇일까?

이 질문의 핵심은 꿈속의 '나'라는 페르소나와 실제 자아의 관계, 그리고 꿈속 세계와 깨어 있는 세계 사이의 관계에 있다. 만일 꿈이 깨어 있을 때의 모습을 정확히 묘사하고 있고, 꿈속의 자아와 깨어 있을 때의 자아가 완전히 동일하다면, 꿈속에서 하는 모든 일은 일상에서도 할 수 있는 일, 혹은 할 수 있기를 바라는 일일 것이다. 이처럼 꿈이 일상의 연속에 불과하다면, 꿈에 대한 보고서와 평소 일기장의 내용을 구분할 수 없을 것이다.

하지만 알다시피 실제로는 그렇지 않다. 그렇다면 깨어 있을 때의 자아와 꿈속의 자아는 얼마나 밀접하게 연결되어 있을까? 그리고 야한 꿈을 꾸게 하는 원인은 무엇일까?

야한 꿈은 대체 왜 꾸는 걸까

*

오랫동안 연구자들은 깨어 있을 때 하는 행동과 관능적인 꿈을 꾸는 것 사이의 연결고리를 찾으려고 노력해왔다. 연구자들은 성 활동, 연애 관계의 만족도, 질투심이 많은지 여부를 비롯해 깨어 있을 때의 행동과 개인적 특성을 묻는 설문조사를 실시했다. 심지어 수면 실험실에서 수면을 취하기 전에 참가자들에게 포르노를 보여주며 에로틱한 꿈을 유도하려고 시도해보기도 했다. 이를 통해 연구자들이 발견한 사실은 놀라웠다. 에로틱한 꿈은 성관계 횟수와 관련이 없으며, 자위행위 여부와도 관련이 없었다. 심지어 포르노를 얼마나 많이 보는지도 관련이 없었다. 야한 꿈에 관한 가장 정확도 높은 예측 변수는 깨어 있는 동안 얼마나 많은 시간을 에로틱한 환상을 그리며 보내는가 하는 것이다.

이것이 얼마나 도발적인지 생각해보라. 깨어 있는 시간 동안 무엇을 하느냐가 아니라 '어떤 생각을 하느냐'가 꿈을 꾸는 데 영향을 미친다는 것이다.

그런데 왜 야한 꿈은 낮에 하는 상상들과는 관련이 있으면서, 실제 성생활과는 관련이 없는 걸까? 이 질문의 답을 알고 싶다면 우리의 꿈을 조종하는 창의적인 엔진인 상상력 네트워크를 떠올려야 한다. 만약 당신이 깨어 있을 때 상상력이 활발하고 자주 몽상에 빠지는 경향이 있다면 창의적인 꿈을 꿀 가능성이 더 높다. 같은 맥락에서, 깨어 있을 때 성적 상상력이 더 활발하다면 밤에 야한 꿈을 꾸게 될 가능성도 높다.

그러나 낮에 하는 몽상과 관능적인 꿈 사이에는 한 가지 중요한 차이점이 있다. 낮에는 성적 욕망을 제한하는 수행 네트워크에 의해 이러한 생각이 억제된다는 것이다. 에로틱한 상상을 절제하는 수행 네트워크의 힘이 꿈을 꿀 때는 사라지기 때문에 우리의 에로틱한 꿈은 아주 창의적이고 모험적으로 전개되는 것이다.

낮에 하는 몽상이 실현 가능성은 낮지만 자신이 욕망하는 성 경험에 대한 환상이라면, 야한 꿈은 원초적인 사고실험에 가깝다. 꿈에서는 낮 동안 전혀 생각하지 않았던 것들, 예를 들어 자신의 성별이 바뀌거나 성적 지향이 바뀌는 상황 등이 나타날 수 있다. 이것이 반드시 프로이트Sigmund Freud가 말한 잠재된 욕망의 발현이라고는 할 수 없지만, 어쩌면 종의 이익을 위해 성적 유동성과 독창성이 진화한 일종의 인지적 장場일 수 있다. 예기치 못한 상황이 발생해 생존을 위해 창의력과 회복탄력성이 필요한 순간에 꿈의 예측 불가능한 특징이 우리 종의 생존과 적응력을 높이는 데 도움이 될 수 있다는 것이다. 이렇게 거칠고 창의적이며, 모험적이기도 한 야한 꿈은 우리의 욕망에 유연성을 더해 우리가 언제든 번식할 수 있도록 준비시키는 것이라고 볼 수 있다. 과거 우리 부족의 절반이 죽거나 질병으로 전멸하는 상황이 닥쳤을 때, 에로틱한 꿈은 우리 조상들이 부족 내에서 서로 새로운 관계를 맺을 수 있도록 준비시켜주었을 것이다. 이는 또한 야한 꿈에 등장하는 인물이나 이미지가 외부 사람이 아닌 자신의 주변에 있는 인물인 이유를 설명하기도 한다. 이런 꿈에 등장하는 사람들은 대부분 익숙하지만, 꿈속에서 그들을 대하는 방식은 현실에서는 생각지도 못한 내용일 때가 많다.

이렇듯 야한 꿈은 진정한 욕망 그 이상이며, 욕망 그 자체의 구현이다. 에로틱한 꿈은 성적 충동의 폭을 넓혀 더 많은 것에 매력을 느끼고, 다양한 성적인 탐험을 해볼 수 있도록 인간을 자극한다. 이는 적어도 번식할 수 있을 만큼 오래 살아남는 것이 모든 생명이 지닌 본능이라는 점에서 충분히 이해할 수 있다.

뇌 발달과 야한 꿈의 관계

*

이지는 열두 살이 되던 해에 유명인에 대한 성적이고 낭만적인 꿈을 꾸기 시작하면서부터 꿈 일기를 쓰기 시작했다. 그는 스물두 살이 될 때까지 총 4,300여 개의 꿈 일기를 썼고, 꿈 연구를 위한 온라인 사이트 드림뱅크DreamBank에 내용을 기증했다.[2] 이지의 일기에는 가족에 대한 꿈 외에도 좋아했던 같은 반 친구나 배우가 나오는 꿈이 연달아 자세히 기록되어 있다. 열세 살 때 꾸었던 꿈에서는 남자가 된 이지가 자신의 여자친구 중 한 명과 성관계를 갖는 장면이 나온다. 또 열일곱 살 때는 자기가 영화 속의 주인공이 되어 한 남자와 은밀하고 관능적인 시간을 보내는 꿈을 꾸었다.

흥미로운 점은 이지가 스물다섯 살이 될 때까지 누군가와 성관계를 가진 적이 없다는 점이다. 이지가 현실에서 성관계를 갖기 전에 에로틱한 꿈을 꾸었던 이유는 무엇일까? 야릇한 꿈이 성 생활에 앞서 뇌를 재구성하기 위한 인지적 신호였을 가능성도 있을까?

이 질문에 답하려면 먼저 뇌와 마음의 차이점을 알아야 한다. 여기서 말하는 뇌는 물리적 구조, 즉 전두엽, 두정엽, 측두엽, 후두엽 등 다양한 엽으로 구성되어 생각을 만들어내는 1.8킬로그램의 신체 기관을 의미한다. 그에 비해 마음은 물리적 구조의 뇌가 만들어내는 것들을 말한다. 예를 들면 다양한 뇌엽 사이의 연결과 상호작용, 뉴런의 발화 방식 등이 포함된다. 뇌를 거리와 건물, 전력망, 지하철 터널 등이 표시된 도시의 지도라고 한다면, 마음은 다양한 활동에 참여하는 사람이나 도시 안에서 활발히 움직이는 차들이라고 할 수 있다. 혹은 컴퓨터를 예로 들면, 물리적 뇌는 하드웨어이고 마음은 소프트웨어인 것이다. 하지만 외부에서 만든 소프트웨어를 하드 드라이브에 다운로드하는 형태인 컴퓨터와는 달리, 인간의 마음과 뇌는 서로 얽혀 있어 분리할 수 없다. 마음을 만드는 것은 뇌이지만, 동시에 마음도 뇌를 변화시킬 수 있는 것이다. 이처럼 뇌와 마음은 상호적이면서 떼어놓을 수 없는 관계이며, 마음은 뇌에서 생기는 것이기도 하지만 뇌를 형성하는 것이기도 하다.

이들의 이런 관계성을 토대로 봤을 때, 에로틱한 꿈은 경험한 것을 드러내는 것뿐 아니라 앞으로 경험해야 하는 것들을 보여준다고 볼 수도 있을 것이다. 이에 대해 조금 더 자세히 살펴보자.

갓 태어났을 때 인간의 뇌는 아직 경험과 학습이 필요한 '스타터 키트(무언가를 시작하는 데 필요한 기본적인 물품과 지침이 포함된 패키지)'의 상태다. 일반적으로 성인보다 더 많은 수의 뉴런을 가지고 태어나며, 이후 성장하면서 필요한 뉴런만을 남긴다. 경험은 쓸모없는 뉴런을 가지치기하는 동시에 잘 사용하는 뉴런 사이의 연결을 확장시킨다. 아이가 피아노 레슨을 받으면 악기 연주와 관련된 뇌 영역이 발달하는데, 주로 운동 피질뿐 아니라 청각 시스템, 좌뇌와 우뇌를 연결하는 뇌량腦梁에서도 변화가 일어난다. 다시 말해, 사용되는 뇌 부위는 성장하고 그렇지 않은 부위는 시들어버린다. 사용하지 않으면 서서히 시들어가는 것이 일반적인 규칙인 것이다.

우리가 느끼는 오감五感은 뇌 신경 조직의 얇은 바깥층인 피질에 위치한 해당 감각 영역에 전달된다. 청각은 청각 피질, 미각은 미각 피질, 후각은 후각 피질, 시각은 후두엽 피질, 촉각은 감각 피질에 각각 도달하게 된다. 이뿐 아니라 청소년기에 발달하지만 잘 알려지지 않은 '생식기 피질genital cortex'이라는 곳에서 또 다른 유형의 감각이 발달한다. 생식기 피질은 감각 피질의 연장선으로, 귀 위쪽에서 두개골 위쪽까지 이어지며 물결 모양으로 길게 솟아 있는 부분이다.

생식기 피질은 뇌 표면에 그려진 생식기관의 감각 지도다. 생식기 피질은 남성과 여성에게 동일하게 나타나며, 인간의 뇌 지형도에서 일관되게 보인다. 따라서 나는 우리가 얼마나 성적으로 흥분할 수 있는지에 대해서 인간은 모두 평등하게 태어났다고 생각한다.

생식기 피질에 미세한 전기 자극을 가하면 성적인 생각을 유발할 수 있다. 예를 들어, 여러 연구자가 지켜보는 가운데 뇌의 지도를 그리는 과정에서 생식기 피질과 그 근처에 전기 자극이 가해진 한 환자는 시술이 끝난 후 "설명할 수 없을 정도로 야릇하고 좋은 기분이 들었어요"라고 얘기하기도 했다.

최근 연구에 따르면 생식기 피질에 감각 신호를 보낼 수 있는 것은 생식기뿐만이 아니다. 유두, 가슴, 등의 일부, 허벅지, 심지어 발가락 등 많은 신체 부위가 잠재적으로 성감대가 될 수 있다. 생식기 피질의 더 정확한 명칭은 '성감 피질erogenous cortex' 또는 '성 피질erotic cortex'로, 우리의 의도나 인식에 따라 어디서든, 어떤 접촉을 통해서든 성적 감각을 느낄 수 있도록 문을 열어두고 있다.

우리가 첫 성관계를 하기도 전에 에로틱한 꿈을 꾸고, 촉감을 관능적으로 느끼게끔 하는 뇌의 영역이 발달하는 이 특이한 신경 발달의 과정은 우리의 마음이 실제로 뇌를 형성하고 변화시킬 수 있다는 사실을 보여준다.

때에 따라 우리의 생각과 감정이 뇌를 변형시킬 수 있다는 사실은 '활동 의존성 수초화activity dependent myelination'라는 과정을 통해 점점 더 많이 밝혀지고 있다. 우리가 어떤 것에 대해 특정한 방식으로 반복해서 생각하거나, 습관적으로 행동할 때, 뇌의 신경 회로는 이 과정을 더욱 효율적으로 만들기 위해 뉴런에서 뻗어 나오는 신경섬유인 축색돌기를 '수초myelin(뉴런을 둘러싸는 백색 지방질 물질로 뉴런을 통해 전달되는 전기 신호가 누출되거나 흩어지지 않게 보호한다)'라고 하는 절연체로 감싼다(전선을 감싸는 고무 튜브를 떠올리면 된다). 수초는 전류가 더 빨리 흐르고 퍼질 수 있도록 하는 오메가-3라는 지방 성분으로 만들어져 있다. 이와 같은 과정을 활동 의존성 수초화라고 부르며, 이는 뇌의 산물인 마음이 어떻게 뇌의 구조를 변화시킬 수 있는지에 대한 근본적인 과정이다.

야릇한 꿈에 이어 성감 피질의 발달이 시작되는 일련의 과정을 비추어볼 때, 야한 꿈이 사춘기 이전의 생식기 피질의 생성을 촉진하여 뇌를 형성한다는 흥미로운 가설을 세울 수 있다. 생식기 피질이 형성되면 접촉을 통해서 성적 감정을 느낄 수 있게 되고, 이로써 호르몬의 왕성한 분비가 시작되어 우리 몸이 성적으로 성숙해지는 것이다.

뇌는 가장 강력한 성 기관이다

✳

야한 꿈은 부인할 수 없을 정도로 깊은 쾌감을 선사한다. 중국의 대학생을 대상으로 한 설문조사에서 응답자들은 다음의 문항에 대해 압도적으로 긍정적인 반응을 보였다.[3]

- 나는 때때로 성적인 꿈에 빠져서 절대 깨지 않기를 바랄 때가 있다.
- 나는 성적인 꿈을 꾸는 것은 행운이라고 느낀다.
- 나는 성적인 꿈에서 깬 후 꿈이었다는 사실에 아쉬움을 느낄 때가 있다.
- 나는 성적인 꿈에서 깬 후에도 상상 속에서나마 꿈의 내용을 지속하려고 노력한 적이 있다.

어떻게 상상 속의 성행위가 이토록 감정적이고 성욕에 큰 영향을 미칠 수 있는 걸까? 어쨌든 의식의 통제를 벗어난 혼자만의 상상에 불과한데 말이다. 그저 꿈속의 성행위가 그렇게 큰 의미를 가질 수 있다는 것이 믿기지 않겠지만, 실제로 많은 의미를 가진다. 에로틱한 꿈이 이런 힘을 가질 수 있는 이유는 뇌가 몸에서 가장 강력한 성 기관이기 때문이다.

에로틱한 꿈은 우리의 감정, 상상력, 성욕을 반영하거나 발산하는 것 이상의 역할을 한다. 실제 섹스와 같은 강렬한 쾌감을 제공하며, 어떤 면에서는 꿈이 실제보다도 더 깊은 쾌감을 선사한다고 주장할 수도 있다. 어떻게 이럴 수 있는지 에로틱한 꿈의 신경해부학적인 측면을 살펴보자.

그 전에 한 가지 분명히 할 점이 있다. 남성과 여성 모두 꿈을 꿀 때 신체적으로 흥분한다는 사실이다. 수면 중 일어나는 신체적 흥분은 꿈 자체와는 별개이기 때문에 정신은 흥분하지 않더라도 몸은 흥분할 수 있다. 심지어 유아도 수면 중에 해부학적인 각성을 보일 수 있는데, 아직 그 이유는 확실하게 밝혀지지 않았다.

에로틱한 꿈을 꿀 때, 뇌는 내가 실제로 누군가를 만진다거나 내 몸이 만져진다는 신호를 받지 않는다. 에로틱한 꿈은 머리속에서만 일어난다. 그럼에도 불구하고 남성의 3분의 2 이상과 여성의 3분의 1 이상이 성적인 꿈으로 오르가슴을 경험한 적이 있다고 얘기한다.

성적으로 강력한 힘을 가진 에로틱한 꿈을 꾸는 동안 우리의 마음속에서는 어떤 일이 일어나고 있을까? 여기에 대한 답을 얻으려면 질문을 뒤집어 생각해야 한다. '섹스라는 육체적 행위를 하는 동안 뇌에서는 어떤 일이 일어날까?'라고 말이다.

관능적인 성행위는 뇌와 척수로 이루어진 중추신경계, 척수에서 나와 피부의 모든 곳에 도달하는 신경인 말초신경계, 그리고 자율신경계 등 우리 신경계 전체의 모든 신경 섬유를 활용한다. 자율신경계는 우리가 의식적으로 의도하지 않아도 작동할 수 있기 때문에 종종 '자동화'되어 있다고 설명하기도 한다. 자율신경계는 인간의 내장, 즉 폐, 복부, 골반을 관장하며, 교감신경과 부교감신경으로 이뤄져 있다. 교감신경은 투쟁-도피 반응을 촉발하고 아드레날린을 분비하여 심박수를 높이고 소화 기관을 일시 정지시키는 반면, 부교감신경은 심박수와 내장을 정상으로 되돌리는 역할을 한다. 이 작용이 바로 투쟁-도피 반응과 균형을 맞추는 '휴식'과 '이완'이다. 자율신경계는 주로 위, 가슴, 골반 등 우리 몸의 중심부에 분포되어 있는데, 이 때문에 오르가슴이 광범위하고 깊게 느껴지는 것일 수 있다.

말초, 교감 및 부교감 신경계는 모두 섹스 중에 뇌에 신호를 보내는데, 뇌는 이 신호의 의미를 해석한다. 간단한 신체 접촉을 생각해 보자. 같은 곳을 같은 압력으로 똑같이 만지더라도 뇌는 이를 대수롭지 않은 접촉으로 무시할 수도 있고, 스킨십이나 애무로 해석할 수도 있다. 어디가 만져지는지는 중요하지 않다. 신체 어느 곳이든 뇌가 해석하기에 따라 에로틱해질 수 있기 때문이다. 우리의 뇌만이 성적 매력을 느끼거나 느끼지 않고, 호흡이 빨라지거나 빨라지지 않고, 심장이 뛰거나 뛰지 않고, 흥분하거나 흥분하지 않는 것을 결정할 수 있다.

섹스를 하는 동안 뇌의 중앙부에 있는 달걀 모양의 시상thalamus은 척수를 통해 말초 신경에서 오는 성적 신호를 뇌에 전달한다. 상상력 네트워크의 한 부분으로써 사회적 인지를 담당하고 이야기를 만들어내는 내측 전전두피질은 이러한 자극을 분류하고 상상력을 발휘하여 성적인 자극에 판타지를 더한다. 본능적인 공포 반응을 담당하는 편도체도 섹스를 포함한 모든 경험에 정서적 의미를 부여한다.

여기까지 이해가 됐다면, 다시 에로틱한 꿈의 이야기로 돌아가보

자. 성적인 꿈을 꿀 때 몸은 정지되어 있는 고요한 상태로, 말초신경계와 자율신경계는 뇌에 아무런 신호를 보내지 않는다. 앞서 아무리 생생한 꿈을 꾸더라도 자율신경계는 작동할 수 있지만 목 아래쪽의 근육은 마비된다고 했던 것을 기억할 것이다. 뇌는 몸으로부터의 어떤 신호에도 반응하지 않고 상상의 나래를 마음껏 펼친다. 뇌가 해석할 감각적 신호는 없다. 그저 몸과 뇌가 서로의 연장선에 있다고 생각한다. 이는 실제로 여러 면에서 사실이지만, 꿈을 꿀 때만큼은 뇌는 자율적으로 움직일 수 있다.

야릇한 꿈이 보여주듯이, 뇌는 꿈을 만들어내기 위해 신체의 나머지 부분을 전혀 필요로 하지 않는다. 신체의 신호 없이도 뇌는 자신만의 무대, 등장인물, 행동을 만들어낸다. 마음은 그 자체로 성감대이며, 꿈은 뇌 이외의 다른 육체적 움직임 없이도 신체적 쾌락을 추구할 수 있다. 이것은 자극 비의존적 인지의 또 다른 예다.

이 모든 것이 말도 안 된다고 느껴진다면, 우리가 세상을 인식하고 반응하는 다른 측면에 대해 생각해보라. 그 예로 시각에 대해 이야기해보자. 우리는 대부분 깨어 있을 때 눈으로 시각적 세계를 받아들인다. 수정체와 각막이 함께 작용하여 빛은 눈 뒤쪽의 망막에 초점이 맞춰지고, 물체는 안구 뒤쪽에서 반사되어 비친다. 이때 반사된 물체의 왼쪽은 실제의 오른쪽이고, 오른쪽은 실제의 왼쪽이다. 번갈아서 한쪽 눈씩 감았다가 떠보면 각 눈의 원근감도 조금씩 다른 것을 알 수 있다. 이렇게 거울에 비친 두 개의 서로 다른 원근감은 시각 피질에 의해 뇌에서 처리되어 하나의 선명한 세상의 이미지로 만들어진다. 그러니 뇌가 없으면 우리는 앞을 보지 못한다.

야한 꿈도 마찬가지다. 신체적 접촉이 전혀 없는 상태에서도 뇌는 온몸으로 쾌락을 만들어내고 느낀다. 꿈에서 경험하는 성적 행동이나 관능적인 쾌락은 뇌의 입장에서는 실제와 차이가 없기 때문에 다르게 느껴지지 않는다. 따라서 뇌에 가짜 오르가슴이란 있을 수 없다. 뇌에게는 모두 실제이기 때문이다. 앞서 말했듯이 꿈을 꾸는 동안 감정 변연계의 활성화 수준은 깨어 있는 동안 도달할 수 있는 수준을 초과할 수 있다. 이 때문에 꿈에서 느낀 오르가슴은 깨어 있는 동안의 섹스에서 도달할 수 없는 감각적인 깊이로 우리를 데려갈 수 있다고 결론을 내리는 것이 합리적일 것이다.

야한 꿈이 우리의 관계에 대해 말해주는 것들

✳

신경과학 연구와 수많은 꿈 일기에 따르면, 불륜을 저지르는 꿈이 바람을 피우고 싶은 욕망의 신호일 가능성은 낮으며 그저 상상력 네트워크가 작동하는 것일 가능성이 훨씬 더 높다. 꿈에서 바람을 피우는 것은 관계에서 벗어나려는 욕구라기보다는 호기심과 정상적인 성적 흥분의 신호일 수 있다는 뜻이다.

꿈에서 다른 성적 지향을 탐구하는 것도 비밀스럽거나 억압된 욕망의 신호가 아니라 이 역시 호기심이나 성욕, 상상력의 작용이거나, 혹은 종족 번식을 위한 뇌의 준비 과정으로 보인다.

그럼에도 에로틱한 꿈은 현재의 연애 관계가 건재한지 아닌지의 상태나 이전 연애 상대를 얼마나 잘 극복했는지 등에 대해 많은 것을 알려주기도 한다. 다만, 우리가 예상했던 방식이 아닐 수도 있다. 에로틱한 꿈은 욕망이나 질투, 사랑, 슬픔, 기쁨과 같은 강한 감정을 불러일으켜 꿈에서 깨어난 후 파트너에 대한 감정에 영향을 미칠 정도로 강력한 힘을 갖고 있다. 꿈속에서 느끼는 감각과 마찬가지로 뇌는 이러한 감정을 현실로 인식한다. 연구자들은 꿈에서 파트너와 갈등을 겪었다면 다음 날에도 갈등으로 이어지는 경향이 있다는 사실을 발견했다.

건재하지 않은 관계에서 바람을 피우는 꿈은 다음 날 파트너에 대한 애정과 친밀감이 감소하는 데 영향을 미친다. 하지만 이러한 사랑과 친밀감의 저하는 충실하지 않거나 불안한 관계에서만 발생한다는 점을 강조하고 싶다. 건강하고 건재한 관계에서는 꿈에서 불륜을 저지른다고 해서 관계에 전혀 영향을 미치지 않는다.

깨어 있는 동안 파트너에 대해 어떻게 느끼고 있는지도 꿈에 영향을 미칠 수 있다. 낮에 질투심이 생기면 불륜에 대한 꿈을 꾸게 되고, 이는 다시 파트너에 대한 행동에 영향을 미칠 수 있다는 것이다. 이런 경우 꿈과 현실은 서로를 양분 삼아 부정적인 굴레를 만드는 것처럼 보인다.

대학생들이 작성한 설문조사에 따르면, 관계에서 질투심을 느끼고 있는 경우 꿈에서 관계에 충실하지 않을 가능성이 더 높았고, 그 결과 다음 날 파트너에 대해 애정을 느끼지 못하는 것으로 나타났다.[4] 또한, 현실에서 바람을 피운 경험이 있는 경우 파트너가 바람을 피우는 꿈을 꿀 가능성이 더 높았다. 연구에 따르면, 파트너가 등장하는 에로틱한 꿈에서 부정적인 감정을 느꼈다면 그에 대한 자신의 감정을 나타내는 중요한 신호일 수 있다. 에로틱한 꿈과 관련된 '감정'은 꿈의 줄거리 그 자체보다 훨씬 더 중요하다. 감정을 주도하는 감정 변연계 구조는 꿈을 꿀 때 과도하게 활성화되기 때문에 꿈의 감정은 일반적으로 꿈의 의미를 찾기 위한 중요한 이정표를 제공할 수 있다(자세한 내용은 9장에서 설명할 것이다).

그렇다면 파트너에 대한 에로틱한 꿈을 꾸는 것은 좋은 신호일까? 답은 '상황에 따라 다르다'이다. 연인과의 사이가 깊어지고 있거나 안정적이라면, 파트너와의 사랑을 나누는 꿈을 꾸었을 때 다음 날 애정도가 더 커질 가능성이 높다. 관계가 좋지 않을 때 성관계를 갖는 꿈을 꾸었다면 다음 날 오히려 친밀감이 떨어질 수 있다. 그 이유는 아직 명확하지 않지만, 에로틱한 꿈의 장면과 실제 문제가 있는 관계 사이의 간극이 더 큰 불만족을 유발하는 것일 수 있다.

당신이나 당신의 파트너가 바람을 피우는 꿈을 꾼다고 해도, 그것은 진정한 욕망을 드러내는 게 아니다. 잠에서 깨어나 불안하거나 화가 나더라도, 꿈은 성생활을 포함해 다양한 생각을 하도록 설계되었다는 점을 잊지 말자. 건강한 관계가 바람피우는 꿈의 부정적인 영향을 완화하긴 하지만, 실제로 중요한 것은 당신이나 파트너가 꾼 에로틱한 꿈의 내용 그 자체가 아니라 이러한 꿈에 어떻게 반응하는가다.

야한 꿈은 현재의 연애 관계뿐만 아니라 과거의 관계에 대해서도 통찰을 보여주기도 한다. 헤어진 연인은 우리 삶에서 사라진 뒤 오랜 시간이 지나도 꿈에 나타날 수 있고 실제로도 드물지 않게 나타난다. 드림뱅크에 꿈의 내용을 공유한 바브라는 여성의 경우, 이혼한 지 20년이 지난 후에도 전체 꿈의 5퍼센트 정도가 전남편에 대한 꿈이었다.[5] 현재 연인이 등장하는 꿈은 종종 함께 무언가를 하는 것과 관련이 있지만, 전 연인에 대한 꿈은 에로틱한 꿈일 가능성이 더 높다. 이를 두고 헤어진 애인을 그리워한다는 의미라고 생각하기 쉽지만 여러 연구에 따르면 사실 그 반대인 경우가 대부분이다. 이러한 꿈은 오히려 이별을 극복하는 데 도움이 되는 것으로 보인다.

전 파트너에 대해 야한 꿈을 꾸는 것이 무엇을 의미하는지 생각할 때, 다시 한번 강조하고 싶은 것은 꿈속의 행동 이상으로 중요한 것이 꿈에 대한 감정적인 반응이라는 것이다. 꿈, 심지어 야한 꿈도 단순히 이별의 감정을 처리하는 뇌의 한 방법일 수 있다.

야한 꿈을 생각할 때, 꿈은 전반적으로 감정적, 사회적, 시각적, 비이성적인 것에 의존한다는 사실을 잊어서는 안 된다. 야한 꿈은 평범하거나 허용되는 것 너머를 바라보는 상상력 네트워크의 산물이다. 이러한 꿈의 줄거리는 종종 실현 가능성이 낮거나 심지어 부적절하지만, 그 뒤에 숨겨진 감정은 현재 또는 과거의 관계 상태에 대한 우리의 감정에 대해 중요한 단서를 제공할 수 있다.

생물학적 관계를 돌아보면 뇌는 에로틱한 사고에 적합하게 발달해왔다. 판타지, 야한 꿈, 그리고 궁극적으로 인간의 섹슈얼리티sexuality(성에 관련된 행위, 태도, 감정, 욕망, 실천, 정체성 따위를 포괄하여 이르는 말)는 번식이라는 본질적인 욕구에서 비롯된다. 하지만 이 욕구는 성행위 그 이상으로 확장되어 우리 마음만이 만들어낼 수 있는 감정, 흥분, 욕망의 깊이를 이끌어내 꿈으로 표현하는 것임을 기억하자.

꿈과 창의력

꿈에서 얻은 상상력을 영감으로 삼은 사람들

말도 안 되는 일들이 벌어지는 세상, 바로 꿈속이다. 꿈을 꾸는 동안은 우리 머릿속의 '이성 스위치'가 내려가고, 모든 게 말이 되는 세상이 펼쳐진다. 뇌가 창의적인 세상의 문을 열고 들어가는 순간은 어떤 모습일까?

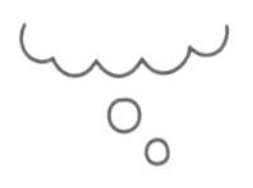

안나라는 환자가 "뇌에 물이 찼다"라는 의사의 소견을 듣고 뇌 전문의인 나를 찾아왔다. 뇌에 물이 찼다는 말은 안나의 증상을 흥미롭게 표현한 말이었지만, 사실은 틀린 설명이었다. 뇌에는 '뇌척수액'이라는 액체가 이미 흐르고 있고, 이는 뇌 바깥에 들어차 있는 것이 아니라 뇌 속에 차 있는 상태로 뇌를 둘러싸고 있으며 '뇌실'이라고 불리는 뇌 안의 수중 동굴과 같은 큰 방에서 만들어지고 있기 때문이다.

뇌는 단단한 조직이라는 오해를 많이 받고 있지만, 이는 사실과 다르다. 뇌 깊숙한 곳에는 네 개의 큰 뇌실cerebral ventricles과 이를 연결하는 좁은 터널 같은 뇌실간공foramen이 있다. 뇌실은 뇌척수액을 생산한다. 언뜻 보기엔 그저 물처럼 보이는 뇌척수액에는 이온과 각종 화학 물질, 단백질, 신경전달물질 등 눈에 보이지 않는 성분들로 가득 차 있다. 이 액체는 마치 우리의 뇌를 위해 태곳적부터 전해져온 수프처럼, 뇌에 영양분을 공급하고 정화한다. 또한 뇌가 두개골 안쪽 뼈 표면에 닿지 않도록 완충재 역할을 한다.

뇌척수액은 뇌에서 생성되고 배출되는 양이 같아, 그 총량은 늘 일정하게 유지된다. 그러나 때때로 뇌척수액이 생성된 양만큼 빠져나가지 못해 유연성이라곤 찾아볼 수 없을 만큼 단단한 두개골 안에 갇힐 때가 있다. 안나가 의사에게 들었던 '뇌에 찬 물'이란, 두개골 안쪽과 뇌 표면 사이의 좁은 공간에서 천천히 형성되고 확장된, 거품 형태로 뭉쳐 있는 액체를 뜻하는 것이었다. 몇 달에 한 방울씩, 몇 년 동안 쌓이면서 거품이 복숭아 크기로 커진 것이다. 안나가 앓고 있던 질환은 '거미막 낭종'으로, 거미줄 같은 광택을 내는 섬세한 줄 모양의 세포로 이루어진 반투명 막으로 둘러싸였기 때문에 그런 이름으로 불렸다. 거미막 낭종과 뇌는 두개골 속 공간을 서로 차지하기 위해 경쟁했고, 그 결과 안나의 두개골 속이 꽉 차고만 것이다.

배출되지 못한 뇌척수액이 한 방울씩 쌓이면서 낭종은 점차 부풀었다. 단단한 두개골은 낭종이 있다고 해서 바깥쪽으로 휘지 않기 때문에 천천히 팽창하는 낭종을 뇌가 온전히 받아들여야 했다. 안나의 낭종은 오른쪽 눈 윗부분의 이마 위쪽과 바깥쪽에서 뇌와 빙하처럼 부딪히며 점점 더 심한 두통을 일으켰다. 바로 이곳에 배외측 전전두피질dorsolateral prefrontal cortex, dPFC이라는 작지만 매우 중요한 뇌 부위가 자리 잡고 있다. 이 부위는 대뇌피질에서 수행 네트워크의 지휘자 역할을 한다. 배외측 전전두피질에 가해지는 압력은 안나의 수행 네트워크의 작동을 멈추지는 않았어도, 일시적으로 수행 네트워크를 약화시키거나 둔화시켰고, 이는 놀라운 변화를 가져왔다.

안나는 줄곧 시나리오 작가이자 이야기를 쓰는 사람이 되고 싶었지만 흥미로운 캐릭터나 섬세한 스토리를 만들어내지 못해서 큰 좌절과 깊은 실망을 느껴왔다. 하지만 뇌에 생긴 낭종이 커지면서 안나는 글을 쓰고 싶다는 충동을 주체할 수 없는 수준으로 느꼈다. 그동안 느낀 감정과는 분명 정반대의 느낌이었을 것이다. 낭종이 생기기 전에는 억지로 글을 짜내는 느낌이었다면, 이제는 강박처럼 글을 써야만 한다고 느꼈고 글을 쓰지 않으면 오히려 불안해졌다.

안나가 머릿속에 떠오르는 새로운 캐릭터와 스토리의 '양'이 폭발적으로 늘어났다고 말했을 때, 나는 그의 뇌에서 무슨 일이 일어나고 있는지 이해할 수 있었다. 안나의 거미막 낭종이 그의 창의력을 폭발시킨 것이다.

꿈은 우리의 창의력을 어떻게 자극하는가

✳

낭종이 안나의 뇌에 미친 영향은 우리가 꿈을 꿀 때 뇌에서 일어나는 일들과 아주 유사하다. 앞서 살펴봤듯이, 꿈을 꾸면 가동되는 상상력 네트워크는 뇌가 일상에서는 불가능한 방식을 통해 사회적 관계와 감정을 탐구하도록 유도한다. 이렇게 감정과 인간관계에 초점을 맞춘 자유로운 사고는 창의적인 글쓰기의 핵심이기도 하다. 안나의 거미막 낭종은 깨어 있는 동안 활성화되는 수행 네트워크를 약화시켜 질서와 이성의 경계를 허물었고, 창의적 사고의 나래를 펼칠 수 있도록 해주었다. 그 덕분에 그는 깨어 있는 시간 동안 대부분의 사람은 꿈을 꿀 때만 가능한 방식으로 생각하고 이야기를 창조할 수 있었던 것이다.

상상력 네트워크는 기억들 사이의 약한 연관성을 파악하고 평가하여 예상치 못한 새롭고도 비논리적인 방식으로 그것들 사이의 보이지 않는 점들을 연결한다. 이러한 연상 작용은 뇌의 설계상 낮 동안에는 약해진다. 시간을 들여 생각할 가치가 없을 정도로 현실 가능성이 희박한 시나리오이기 때문이다. 창의성과 기발함은 서로 밀접히 연관되어 있으며, 낮의 일상이 아무리 지루하고 따분해도 꿈은 기발함을 선사한다. 밤에 꿈을 꾸는 동안 꿈속에서 펼쳐지는 기상천외한 연상 작용은 진흙탕 속 깊은 곳에서 진주를 찾아주기도 한다. 고민하던 문제에 대한 예상치 못한 해답이 나올 수도 있고, 직장에서의 인간관계나 연인에 대한 새로운 깨달음을 얻을 수도 있다.

창의적인 생각의 과정은 꿈을 꾸는 것과 비슷하다. 창의적 사고란 새로운 방식으로 문제에 접근하고, 전혀 다른 관점에서 세상을 바라보며, 이전에는 발견하지 못했던 연관성을 찾아내고, 한번도 생각하지 못했던 해결책을 떠올리는 것을 의미한다. 연구자들은 이를 확산적 사고divergent thinking라고 부르며, 창의성의 핵심으로 본다. 물론 확산적 사고와 창의성은 동의어는 아니다. 다르게 생각한다고 해서 반드시 창의적인 해결책이나 기발한 아이디어로 이어지는 것은 아니다. 하지만 확산적 사고는 본질적으로 '독창성'을 의미한다. 반면 수렴적 사고convergent thinking는 문제에 대한 단 하나의 올바른 해결책을 찾는 데 초점을 맞춘다. 수렴적 사고는 자동차를 고치는 데는 좋을지 몰라도 자동차를 디자인하는 데는 적합하지 않을 수 있다.

뇌는 문제를 어떻게 해결할까

✳

이제 뇌가 문제를 해결하는 방식을 살펴보자. 우리가 목표 지향적으로 사고하거나, 특정 주제에 집중하거나, 과제를 수행할 때는 수행 네트워크의 주도 하에 뇌가 움직인다. 반면 우리가 쉴 때는 상상력 네트워크가 우리의 주의를 외부에서 내부로 집중시켜 마치 꿈을 꿀 때처럼 목적의식 없이 자유롭게 생각할 수 있도록 한다. 샤워를 하거나, 빨래를 개거나, 익숙한 길을 걷거나, 지루한 도로를 운전할 때처럼 어떤 일에 적극적으로 몰두하고 있지 않을 때 우리의 마음은 '딴생각'을 하면서 자유롭게 방랑할 수 있다.

따라서 의도적으로 마음을 자유롭게 풀어두려고 노력할 필요가 없다. 사실 자유로운 생각이라는 것은 어떤 일에 몰입하고 있지 않은 순간에 자연스럽게 발생하고 있으며, 깨어 있는 시간의 거의 절반을 딴생각을 하며 보내고 있기 때문이다. 창의적인 아이디어가 떠오르는 순간은 특별히 집중하지 않을 때가 많다. 이처럼 딴생각은 '아하!'의 순간, 즉 생각지도 않았던 통찰력이나 질문에 대한 답을 얻는 데 도움이 된다. 하지만 오늘날의 사람들은 틈만 나면 스마트폰을 들여다보고 있으니, 과거에 비해 이렇게 딴생각을 하며 멍을 때리는 시간이 점점 줄어들고 있다. (이 말은 하루 동안 잠시라도 정말 아무것도 하지 않는 시간을 가지라는 의사로서의 권유이기도 하다.)

상상력 네트워크가 활성화됐을 때 얻을 수 있는 통찰력은 논리적 문제 해결과는 근본적으로 다르다. 꿈을 꾸는 동안에는 논리적인 수행 네트워크가 비활성 상태이기 때문에 꿈을 꾼다고 해서 자기 전에 본 수학 문제나 수수께끼의 해답을 바로 찾을 수 있는 것은 아니다. 다만 꿈은 매우 시각적이기 때문에 문제에 대한 해결책은 대부분 시각적인 방식으로 떠오른다.

1970년대 수면 연구의 선구자인 윌리엄 디멘트William Dement는 500명의 학부생에게 두뇌를 자극하는 문제를 제시하여 잠들기 전 정확히 15분 동안 문제를 풀게 하고, 그 후 꾼 꿈을 기록하게 했다.[1] 1,148번의 시도 중 94번의 꿈에서만 문제에 관한 내용이 나왔고, 실제로 꿈을 통해 문제를 해결한 경우는 500명 중 단 일곱 명에 불과했다. 그리고 꿈속에서 실제 문제를 해결한 경우, 그들의 문제 해결 접근법은 시각적이었다.

디멘트가 학생들에게 보여준 한 두뇌 자극 문제는 알파벳 O, T, T, F, F로 시작되는 무한수열을 보여주고, 해당 수열 속에 연속되는 문자의 간단한 규칙을 찾은 후 그다음에 올 문자를 맞히는 것이었다. 이후 이 문제를 받은 학생 한 명이 자신이 꾼 꿈에 관해 얘기했다. 꿈속에서 그는 박물관 갤러리를 거닐며 벽에 걸린 그림의 수를 세고 있었다. 여섯 번째와 일곱 번째 그림이 액자에서 뜯겨 있었고, 마치 수수께끼를 푸는 듯한 기분으로 빈 액자를 응시했을 때, 그는 그 여섯 번째와 일곱 번째 칸이 문제의 정답이라는 것을 깨달았다. 즉, O, T, T, F, F는, 1(one), 2(two), 3(three) 등 각 숫자의 첫 글자였던 것이다. 그렇다면 그다음 숫자는 6(six)과 7(seven)일 것이었고, 따라서 문제의 정답은 S였다.

디멘트는 또 다른 문제에서도 학생들에게 다음 수열이 나타내는 단어가 무엇인지 물었다. 제시된 수열은 'HIJKLMNO'의 순서로 문자가 나열되어 있었다. 이 수수께끼의 정답은 알파벳의 'H에서 O(H to O)', 즉 물H_2O이었다(물의 원소기호와 H에서 O를 뜻하는 'H to O'의 발음이 같음을 이용한 문제). 이 문제를 풀다가 잠이 든 학생도 꿈속에서 물을 보았는데 깨어난 후 정답을 '알파벳'이라고 말하기도 했다. 이런 사례들을 살펴보면 때때로 꿈을 꾸는 뇌가 깨어 있는 뇌보다 오히려 더 똑똑할 수 있다는 걸 깨닫기도 한다.

궁극적으로 꿈의 특별한 힘은 이처럼 수수께끼 논리 문제를 푸는 것 그 자체가 아니라, 확산적 사고를 시각적으로 표현할 수 있는 데에 있다. 꿈과 창의성에 관한 연구의 세계적 권위자인 하버드대학교의 심리학자 디어드리 배럿Deirdre Barrett은, 꿈이 우리가 어떤 문제를 해결하려고 할 때 특정한 방식으로 접근해야 한다는 선입견에서 벗어나게 해준다고 말한다. 꿈속에서는 깨어 있을 때 무심코 지나쳤던 엉뚱한 아이디어를 오히려 깊이 탐구할 수 있고, 그 과정에서 영감을 얻어 중요한 통찰력을 얻을 수도 있다. 원소 주기율표와 DNA의 이중나선 구조, 재봉틀 등은 꿈에서 얻은 영감을 현실에서 발전시킨 몇 가지 사례들이다.

1900년대 초 독일의 약리학자 오토 뢰비Otto Loewi는 신경세포 간에 중요한 신호를 전달하는 수단이 전기적, 화학적 작용이라고 믿었지만 그 가설을 입증하지 못했다. 그로부터 17년 후, 그는 꿈을 꾸다 일어나 종이에 그림을 그렸고, 아침에 그림을 그렸던 노트를 다시 살펴봤지만 도저히 자신의 낙서를 해독할 수가 없었다. 다음 날 밤, 꿈속에서 또다시 아이디어가 떠올랐다. 실험을 위한 구상이었다. “나는 일어나서 곧바로 실험실로 향했고, 그 낙서대로 개구리 심장 실험을 진행했다”라고 뢰비는 회상했다. 1938년, 뢰비는 신경 자극의 화학적 전달에 관한 연구로 노벨 의학상을 받았다. 이는 현재 신경전달물질이라고 부르는 화학 물질을 통해 신경이 서로 소통한다는 최초의 증거였다.

또한 확산적 사고는 사회적 상호작용과 대인관계를 새로운 방식으로 바라보는 데에도 도움이 될 수 있다. 스토리텔링의 핵심이 사람과 사이의 관계라는 점을 생각하면, 창의성이 요구되는 영화 산업 종사자들과 일반인들을 비교한 연구에서 창의적인 직업을 가진 사람들이 상대적으로 자신의 꿈을 더 잘 기억하고 그 꿈에 의미를 부여할 가능성이 더 높다는 결과가 나온 것은 놀랍지 않다. 그렇게 꿈은 많은 영화 감독들에게 영감의 원천이 되어주었으며, 그들은 꿈에서 본 장면을 자신의 작품에서 표현하기도 했다.

영감을 주는 꿈의 힘 외에도 시간, 장소, 인물이 빠르게 변화하는 꿈의 특성 그 자체가 책이나 영화의 이야기 구조의 영감이 되어왔던 것은 아닐까? 어쩌면 우리가 플래시백(영화 등에서 과거의 회상을 나타내는 장면 혹은 그 기법), 한 장소에서 다른 장소로, 한 인물에서 다른 인물로 순식간에 이동하는 내용을 받아들일 수 있는 이유는 우리 모두가 꿈에서 이러한 이야기 진행 형식을 경험했기 때문일 수도 있다. 어쩌면 꿈은 창의성을 이끌어낼 뿐만 아니라 창의성 그 자체를 제시하는 것일지 모른다.

꿈이 남긴 단서를 무시해서는 안 되는 과학적인 이유

*

1800년대에 벤젠benzene이라는 화학 물질의 구조가 많은 화학자를 당황시켰다. 그들이 당황한 이유를 알기 위해서는 먼저 '탄소'가 보통 네 개의 분자와 결합한다는 사실을 이해해야 한다. 예를 들어, 탄소 하나가 네 개의 수소 분자와 결합하면 메탄이 된다. 하지만 벤젠은 이러한 예상을 뒤엎었다. 벤젠은 탄소가 여섯 개인데 수소도 여섯 개뿐이다. 당시 화학자들이 알고 있는 바가 맞다면, 벤젠은 적어도 그 두 배 이상의 수소를 가지고 있어야 했는데 말이다.

독일의 화학자 아우구스트 케쿨레August Kekulé가 꿈에서 해답을 찾기 전까지 수년 동안 화학자들은 이 문제를 풀지 못했다. 어느 날, 뱀이 자신의 꼬리를 먹는 꿈을 꾼 케쿨레는 그 꿈에서 힌트를 얻어 벤젠이 고리 형태를 띤다는 가설을 세웠다. 벤젠은 육각형의 각 꼭짓점에 고리가 달린 구조인데, 이 구조에서는 탄소 분자가 서로 결합하기 때문에 더 적은 수의 수소만으로도 완전하고 안정적인 구조가 된다는 것이다. 이렇게 벤젠의 구조가 밝혀지자 화학자들은 이를 원료로 페인트부터 진통제인 이부프로펜ibuprofen에 이르기까지 다양한 제품을 만들 수 있었다. 케쿨레의 꿈은 해답 그 자체를 제시하지는 않았어도, 시각적인 단서를 제공했다.

케쿨레의 꿈 이야기에서 알 수 있듯이, 참신한 아이디어를 떠올리는 것은 방정식의 절반을 푼 것에 불과하다. 케쿨레는 꿈의 이미지로부터 벤젠이 고리 모양일지도 모른다는 아이디어를 떠올린 후, 실제로 고리 모양의 분자가 어떻게 작동하는지를 밝혀냈다. 아이디어를 떠올리고, 이 아이디어가 맞는지 증명하는 '행동'을 한 것이다. 이처럼 훌륭한 아이디어는 창조의 끝이 아닌 시작이기 때문에 아이디어 뒤에는 반드시 행동이 뒤따라야 한다. 그렇지 않으면 아무리 좋은 아이디어라도 실현되지 못한 채로 버려질 뿐이다. 이런 영감의 순간들은 반드시 실행해볼 수 있을 만큼 정리되어야 하는데, 이 과정을 돕는 신경전달물질이 있다. 바로 다들 한번쯤은 들어봤을 '아드레날린'이다.

에피네프린이라고도 불리는 아드레날린은 신경전달물질이자 투쟁-도피 반응을 담당하는 호르몬이다. 아드레날린은 신장에 있는 내분비기관인 부신에서 분비되는데, 호흡을 더 빠르고 깊게 하고 심장을 더 빨리 뛰게 하며, 혈액을 근육으로 보내는 역할을 한다. 반면 뇌에서 아드레날린은 도파민으로부터 만들어진 일종의 화학적 메신저로 외부 자극으로부터 우리와 관련 없는 것들은 무시하고, 관련 있는 것들을 찾아내는 역할을 한다. 예를 들어 단순한 소음과 필요한 신호를 구분하다든지, 혼란한 상황 속에서도 정확한 진실을 찾아내는 데 큰 역할을 한다. 이처럼 뇌의 아드레날린 수치가 증가하는 건 인지 능력의 향상과 관련이 있는데, 뇌의 아드레날린 수치가 낮아지면 단순한 소음과 신호를 구분하는 데 어려움을 겪게 되고 정신적인 예리함 역시 감소한다. 그 결과 불필요하거나 우리와는 무관한 자극에 집중하고, 오히려 필요한 자극을 무시해버릴 가능성이 높아진다. 자연과 훨씬 가까웠고, 먹이사슬의 최상위에 있지 않았던 먼 옛날에는 이러한 잘못된 판단이 치명적이었을 것이다.

꿈을 꾸는 동안에는 이 아드레날린의 수치가 '0'으로 떨어진다. 그 결과 우리는 잠을 자고, 신체가 마비된 '안전한' 상태에서 기괴한 연상을 할 수 있는 것이다. 그때만큼은 소음 속에서 신호를 골라낼 필요도 없고, 또 그럴 수도 없다. 내 환자 안나의 수행 네트워크는 꿈을 꿀 때처럼 완전히 차단된 것이 아니라, 거미막 낭종에 의해 조금 약화된 상태였기 때문에 여전히 뇌에서 약간의 아드레날린이 순환하고 있었다. 이는 그가 캐릭터와 아이디어를 자유롭게 떠올리며 상상의 나래를 맘껏 펼치는 걸 막을 정도는 아니었지만, 수행 네트워크가 그 아이디어들 속에서 이야기를 구성할 수 있을 만큼의 인지 능력을 갖춘 상태였다. 즉 잠재된 창의력을 깨울 수 있는 최적의 순간이었던 것이다.

창의력은 독창적인 아이디어나 틀을 깨부수는 생각 그 이상이다. 창의력에는 생각의 기반이 될 전문 지식과 아이디어를 실행에 옮길 수 있는 의사 결정 능력이 필요하다. 안나가 시나리오의 구조를 몰랐거나 그저 몽상적인 생각에만 빠져 있었다면, 쏟아져 나오는 캐릭터와 플롯을 정리해 글로 옮길 수 없었을 것이다. 창의력은 영감과 평가, 구상, 실행을 오가는 과정이다.

시 창작을 하는 동안 뇌를 영상으로 살펴본 연구는 이 사실을 잘 보여준다.[2] 시를 쓰는 사람이 초보자이든 전문가이든 상관없이, 뇌는 시를 쓰는 중인지 수정하는 중인지에 따라 수행 네트워크를 능숙하게 조절했다. 매우 상징적이고 은유적인 표현이 많은 시를 쓰는 동안에는 수행 네트워크가 중단되었고, 시를 수정하는 과정에서 이 네트워크가 다시 활성화되었다. 이처럼 뇌의 수행 네트워크는 필요한 순간에 자신의 역할을 정확히 수행하고 있다.

낮잠을 자면 새로운 아이디어가 떠오른다

*

30분에서 60분 사이의 낮잠은, 그저 각성 상태에서 수면 상태로 전환하는 것이 아니라 반복적인 업무로 지친 정신을 회복하는 데 도움이 된다. 60~90분 동안 지속되어 렘수면 단계가 포함되는 낮잠을 긴 낮잠이라고 부르는데, 이는 작업 수행 능력을 크게 향상시킬 뿐 아니라 실제로 학습 능력을 강화할 수 있다. 연구자들은 낮잠이 창의적으로 문제를 해결하는 데 도움을 주고, 특히 순간적으로 창의적 통찰력이 필요할 때, 즉 번뜩이는 아이디어가 필요한 순간에도 활용할 수 있다는 사실을 발견했다.

일반적으로 해결이 필요한 문제를 마주했을 때, 이를 접한 시점과 해결책이 떠오르는 시점 사이에는 공백이 있다. 그 공백의 시간 동안 잠시 문제를 제쳐두곤 하는데, 이처럼 문제를 인식하고는 있지만 적극적으로 해결하려고 노력하지 않는 단계를 잠복기incubation period라고 한다.

데니즈 카이Denise Cai와 캘리포니아대학교 샌디에이고 캠퍼스 연구팀은 이 잠복기 동안 낮잠을 자면 창의적인 문제 해결 능력이 향상되는지 실험해보기로 했다.[3] 카이는 실험 대상자를 조용히 쉬는 그룹, 낮잠을 자는 그룹, 긴 낮잠을 자는 그룹으로 나누고 실험을 진행했다. 그 결과 카이 박사는 잠복기가 세 그룹 모두에게 똑같이 도움이 된다는 사실을 발견했다.

카이는 실험 참가자들에게 문제를 풀 때 활용할 수 있는 단서를 제공한 후, 실험을 다시 시작했다. 그리고 아주 흥미로운 사실을 발견했다. 피험자들은 아침에 일련의 문제를 풀어냈다. 예를 들어, '감자칩: 짜다, 사탕: ㄷ_'와 같이 단어의 특징을 매칭하여 답을 유추하는 문제였다. 오후에 진행된 단어 테스트에서도 정답은 마찬가지로 '달다(SWEET)'였지만, 이번엔 문제의 형식이 달랐다. 오후에는 서로 관련이 없어 보이는 세 개의 단어가 주어지고 이 단어들과 관련된 단어를 찾아야 했다. 예를 들어 '심장(Heart), 열여섯(Sixteen), 쿠키(Cookies)'에 대한 답이 'SWEET'인 식이다(제시된 세 개의 단어와 공통적으로 잘 사용되는 단어는 Sweet이다. Sweetheart는 사랑하는 사람을 부르는 애칭, Sweet Sixteen은 막 성인의 문턱에 들어선 청소년의 열여섯 번째 생일을 축하하는 문화를 뜻한다).

이런 식으로 뇌의 연상 네트워크를 준비시킨 후, 조용히 휴식을 취한 그룹과 짧은 낮잠을 잔 그룹은 단어 퍼즐을 거의 비슷한 정도로 풀어냈지만, 긴 낮잠을 자면서 렘수면을 충분히 취한 그룹은 다른 두 그룹에 비해 문제를 40퍼센트 더 잘 풀어냈다. 이 그룹이 그때 꾼 꿈을 기억하는지 여부는 중요하지 않았다. 꿈을 기억하지 못한다 하더라도 그들은 여전히 풍부한 꿈을 꾼 '수면'의 창의적인 혜택을 받은 것임에는 틀림없다.

카이는 수행 네트워크가 작동할 때 활성화되는 신경전달물질이 퍼즐을 푸는 데 필요한 정신적 연상을 억제한다는 결론을 내렸다. 반면 렘수면 동안 상상력 네트워크는 새로운 정보와 과거의 경험을 결합하여 더 풍부한 연상망을 만들어낸다. 카이는 '유동적인 해석은 가벼운 단어 놀이부터 신경화학적 전달이나 벤젠 고리 구조를 푸는 데 도움이 된 도형의 추상화에 이르기까지 창의적인 사고의 특징'이라고 결론지었다.

꿈에서 힌트를 얻은 사람들

*

꿈이 가진 창의적인 측면 중에서 가장 중요한 요소는 '사회적 관계를 평가하는 힘'일 것이다. 꿈속에서는 과거 또는 미래로의 시간 여행이 가능하기 때문에 다시 어린 시절로 돌아가 오래전 세상을 떠난 친척들과 함께 있거나, 10년 후 우리의 삶의 모습이 어떻게 변해 있을지 상상해볼 수 있다. 꿈속에서의 상상은 너무나 쉽게 머릿속에서 펼쳐지기 때문에 이것이 얼마나 창의적이며 놀라운 인지 능력인지 쉽게 잊어버리기도 한다. 완벽하게 재현된 과거로 돌아가게 하거나 미래를 상상하게 하는 꿈의 힘은 인간의 세 가지 놀라운 능력을 구현한다. 첫째는 시각적 상상력visual imagination, 둘째는 과거의 광경이나 감각, 감정을 다시 경험하는 '일화적 기억episodic memory', 마지막으로는 이와 시간적으로는 정반대인 예상되는 미래로 향하는 '시간 여행time travel'이다.

매일 밤 꿈을 꾸는 동안 우리는 감정적이고, 등장인물이 극을 주도하는 드라마 시나리오나 엄청난 범위의 인간관계 전략과 우발적인 상황을 탐구하는 사회적 시나리오를 만들어낸다. 먼 옛날 인류의 꿈이 인간이 실제 직면할 수 있는 위험에 대비하기 위한 계획을 세우는 데 도움이 되었다면, 오늘날의 꿈은 연인을 만나거나 다른 사람들과 교류하는 '가상 역할 놀이'의 역할을 한다. 꿈에서는 사회적 자본에 대한 위험 부담 없이 여러 행동을 시험해볼 수 있다. 또한 꿈은 다른 사람들이 나를 어떻게 바라볼지 여러 상황에서 생각해볼 수 있는 능력도 선사한다.

꿈은 꿈꾸는 개개인을 넘어 작가, 예술가, 음악가, 패션 디자이너, 건축가, 예술가, 안무가, 발명가 등 세상을 만들어가는 모든 이들에게 영향을 미쳤다. 예를 들어, 『사랑의 종말』, 『조용한 미국인』 등을 쓴 영국의 소설가 그레이엄 그린Graham Greene은 하루에 오직 500단어만 쓰고, 그 이상은 쓰지 않았다. 그리고 잠자리에 들기 직전에 원고를 다시 읽으며 꿈과 잠을 잘 때의 마음에 의지해 작업을 이어나갔다고 한다. 그린은 꿈에 매혹되어 꿈 일기를 모아 『나만의 세계A World of my Own』라는 제목으로 출판하기도 했다. 『분노의 포도』를 쓴 미국의 작가 존 스타인벡John Steinbeck은 꿈을 하룻밤 사이에 온갖 문제를 해결해주는 '수면 위원회'라고 부르기도 했다.

세계적으로 유명한 출판인이자 패션 디렉터인 에드워드 에닌풀Edward Enninful은 열여덟 살에 젊은이들의 스트리트 패션 스타일에 초점을 맞춘 영국 잡지 《i-D》의 아트 디렉터로 고용되었다. 그는 이탈리아 《보그》, 미국의 《보그》와 《W매거진》으로 자리를 옮기기 전까지 20년 동안 《i-D》에서 일했으며, 마흔다섯 살이 되던 2017년에 《보그》 최초의 흑인 편집장이 되었다. 이는 《보그》의 106년 역사상 최초의 남성이자 최초의 게이, 최초의 노동계급 편집장이었으며, 그 위대한 업적을 이룬 에닌풀은 자신의 창의적 비전의 원천이 '꿈'이라고 말했다. 그는 라디오 인터뷰에서 다음과 같이 얘기했다.

> "가끔은 나 자신과 아무리 씨름을 해도 아무런 아이디어가 떠오르지 않을 때가 있어요. 그럴 때면 저는 일단 잠을 청합니다. 그리고 깨어나면 고민했던 일들의 모든 이미지가 머릿속에 떠오르죠. 모델은 물론, 장소, 모델의 헤어 스타일도 보이고, 메이크업도 보입니다. 지난 몇 년간 나는 꿈속 이미지를 사용하는 게 꼼수가 아닐까 생각했을 정도입니다. 하지만 어머니께서 그건 오히려 선물이라고 말씀해주셨고, 그때부터 생각을 바꿨죠. 꿈이 내 창의성의 원천이라는 사실을 인정하기로요."

또한 눈 수술을 받고 3주 동안 앞을 볼 수 없었던 에닌풀은 오히려 그 기간 동안 테크니컬러technicolor(영화에 색채를 입히는 일련의 기법)처럼 더 크고 선명한 꿈을 꾸었다고 말했다. 수술에서 회복하는 동안 그는 인상적인 커버를 구상했는데, 이것이 바로 아주 잘 알려진 미래지향형 여왕의 모습을 한 팝스타 리한나Rihanna가 장식한 《W 매거진》의 커버였다.

꿈은 매우 시각적이기 때문에 무언가를 상상할 때 상징적이고 비유적인 사고를 하는 데 도움을 줄 수 있다. 케쿨레가 뱀이 꼬리를 먹는 모습에서 벤젠의 구조에 대한 답을 찾은 것처럼, 꿈은 산문이라기보다는 은유가 풍부한 시라고 할 수 있다.

미국의 작가이자 시민권 운동가인 마이아 앤절로도 꿈의 힘을 활용했다고 전해지는데, 앤절로의 경우는 꿈을 창의적인 영감의 원천으로 삼았다기보다는 자기 행동에 대한 지침 정도로 생각했다. 그 예로, 그는 과거 고층 빌딩 건설 현장에서 공사에 필요한 가설물을 세우는 꿈을 꾼 적이 있는데, 이 꿈을 당시 쓰고 있던 글이 맞는 방향으로 나아가고 있다는 신호로 받아들였다고 한다.

창의적인 사람들은 평범한 사람들보다 더 많이 꿈꾸고, 더 특별한 꿈을 꿀까? 연구자들은 창의적이고 상상력이 풍부한 사람들이 세상을 경험하는 방식에 독특한 연속성이 있다고 보았고, 그 때문에 다른 이들보다 생생한 꿈을 꿀 가능성이 높다는 사실을 발견했다. 만약 당신이 멍하니 마음을 자유롭게 풀어놓는 것에 능한 사람이라면, 깨어 있는 상태와 꿈을 꾸는 상태 사이에 장벽이 낮을 수 있다. 그렇게 되면 주변의 감각 정보들이 아이디어로 쉽게 바뀔 수 있다.

꿈에서 배운 걸
현실에서 써먹을 수 있을까

*

춤과 같은 몸의 자유로운 움직임은 때때로 과소평가되곤 하지만 이는 근본적으로 독창성을 보여줄 수 있는 표현의 한 유형이다. 각종 도구나 바늘과 실, 활과 화살, 매듭을 사용할 때도 이 운동 감각적 창의력kinesthetic creativity이 필요하며, 인류가 이뤄낸 많은 혁신과 발명의 근간에는 이 창의력이 존재한다고 볼 수 있다. 운동 감각적 창의성에는 동작에 대한 계획, 움직이는 기술, 공간 처리 등의 능력이 필요하기 때문에 결과적으로 뇌의 다양한 영역이 사용된다.

운동 감각적 창의력은 움직임을 시각화하는 것에서 시작되는데, 이는 우리가 꿈에서 수행하는 일이기도 하다. 꿈은 시각적·공간적 놀이터라고도 할 수 있다.

초기의 인류가 인간보다 더 강하고 빠른 동물 사이에서도 번성할 수 있었던 데에는 꿈을 통해 생존에 결정적인 아이디어를 얻었기 때문일 가능성이 높다. 꿈은 살아가면서 축적해가는 절차적 지식(목표와 그 목표 달성에 필요한 행위들을 관련짓는 지식)인 '움직임'에 대한 창의성을 길러주었고, 이는 궁극적으로 인류가 살아가는 데 의존해온 창조적 우물이 되었을 것이라는 추론이 가능하다.

카네기멜론대학교 인지 영상센터의 로버트 A. 메이슨Robert A. Mason과 마르셀 아담 저스트Marcel Adam Just는 사람들이 매듭을 묶을 때 뇌에서 어떤 일이 일어나는지 연구했다.[4] 매듭을 묶는 것은 일련의 동작을 순서대로 해야 하는데, 이런 절차적 지식은 절차와 순서에 따라 전개되기 때문에 단지 사물에 대한 개념을 아는 것과는 다르다. 흥미롭게도 이러한 절차적 기억은 치매에 걸려도 사라지지 않는 경향을 보인다.

수련 중인 외과의사가 수술실에 들어가서 가장 먼저 배우는 것 중 하나는 상처를 단단히 봉합하는 데 사용되는 '외과의사 매듭'이다. 예를 들어, 수술 중 전기로 혈관을 절단하기 전에 이 매듭으로 혈관을 묶어두면 출혈 없이 절단할 수 있다. 가끔 수백 개의 매듭이 필요할 때도 있는데, 이때 매듭이 하나라도 풀리면 큰 사고로 이어지기도 한다. 손가락과 손의 움직임으로 매듭을 묶는 작업은, 제대로 한다면 손이 스스로 생각하는 듯 우아하게 움직여 마치 발레와 같은 동작이 된다.

메이슨과 저스트가 매듭 묶기 연구에서 사용한 기능적 자기공명영상fMRI은 실험 참가자의 뇌 활동을 실시간으로 보여주었다. 이 실험에서 연구진은 매듭을 묶는 첫 번째 단계가 마음속으로 매듭을 묶는 과정을 떠올리며 계획을 세우는 것임을 알아냈다. 연구진은 실험 참가자들에게 단순히 매듭을 묶는 상상을 하도록 요청했고 흥미로운 사실을 발견했다. 바로 매듭을 묶는 상상만으로도 실제로 매듭을 묶기 전 계획을 세울 때와 정확히 일치하는 신경 신호가 발견된 것이다. 달리 말하면, 꿈을 꿀 때의 뉴런은 마치 꿈속의 행동을 실제로 수행하는 것처럼 작동하며, 따라서 꿈은 이런 절차적 지식을 배우고, 그 능력을 향상시키는 데 도움이 된다. 이 사실은 춤, 예술, 스포츠 등 우리 삶의 많은 영역에서 유용하게 사용될 수 있다. 예를 들어, 골퍼 잭 니클라우스Jack Nicklaus는 꿈을 통해 골프채를 잡는 새로운 방법을 알게 되었고 이를 활용해 골프 실력이 향상되었다고 말하기도 했다.

나 역시 뇌 전문의로서 꿈의 창의적인 힘을 최대한 활용하려고 노력한다. 특히 고난도 수술의 전날 밤에는 환자의 뇌와 뇌종양 이미지를 미리 검토한다. 잠에 들기 직전까지 종양을 이리저리 돌려 보는 상상을 하고, 피하거나 절개가 필요한 주변 뇌 조직에 특히 주의를 기울여 떠올린다. 잠에서 깨어나 몇 분 동안은 수술의 전체적인 윤곽과 과정을 다시 한 번 마음속으로 되새기곤 한다. 꿈은 시각적-공간적 경험이기 때문에, 이 연습은 내가 절개해야 할 해부학적 구조에 대한 공간적 이해를 갖추는 데 큰 도움이 된다. 비록 다음 날 아침에 꿈의 내용을 기억해내지 못한다고 하더라도 이 정신적 연습이 꿈속에서 어떤 식으로든 재생되어 다음 날 진행할 수술의 이해도를 더욱 높였을 거란 생각에 의심의 여지가 없다.

많은 실험을 통해 수면과 꿈이 학습에 도움이 된다는 사실이 밝혀졌다. 한 실험에서 참가자들에게 가상현실 속 미로를 돌아다니게 한 후 그들의 상태를 살폈다. 참가자 중 절반은 낮잠을 자고 나머지 절반은 깨어 있었는데, 이후 다시 가상현실 미로로 돌아가 탈출하라는 미션을 받았을 때 낮잠을 잔 사람들이 깨어 있던 사람들보다 더 나은 성과를 보였다. 더 나아가 잠만 잔 것이 아니라 꿈도 꾸었던 사람들이 가장 좋은 성적을 냈다. 반면 잠을 자지 않은 사람들 중 그저 쉬는 것이 아니라 미로에 대해 계속 생각하라는 지시를 받은 사람들도 성과에 큰 영향은 없었다.

잠을 자면서 꿈을 꾼 사람들은 미로를 통과하는 방법을 꿈에서 먼저 보기라도 한 걸까? 이것은 그럴듯한 가설이 될 수 있지만, 실제로는 그렇지 않았다. 참가자 중 두 명은 음악에 대한 꿈을 꿨고, 다른 한 명은 미로와 비슷하지만 미로 자체가 아닌 박쥐 동굴에 대한 꿈을 꿨을 뿐이었다. 미로에 대한 직접적인 꿈이 아니었음에도 꿈을 꾸는 행위 자체가 미로에 대한 기억을 강화하는 데 도움이 되었다. 꿈을 꾸었기 때문에 미로를 더 잘 알게 된 것이다. 하지만 이러한 상관관계가 분명함에도 불구하고 그 원리는 아직 완전히 밝혀지지 않고 있다.

악몽을 창의력으로 바꾼 사람들

*

1987년 터프츠대학교 의과대학의 어니스트 하르트만Ernest Hartmann은 평생 잦은 악몽으로 고통받는 사람 열두 명과 생생한 꿈을 꾸는 사람 열두 명, 그리고 악몽도, 생생한 꿈도 꾸지 않는 사람 열두 명을 심층적으로 비교하는 연구를 진행했다.[5] 각 참가자들은 구조화된 인터뷰를 비롯해 심리 테스트 및 기타 성격을 측정하는 검사를 받았는데, 그 결과 연구진은 악몽을 꾸는 사람들이 다른 그룹의 사람들보다 예술적이고 창의적인 성향이 더 강하다는 것을 발견했다. 즉, 꿈속에서 악마나 두려운 존재를 상상할 수 있는 사람은 깨어 있는 삶에서도 그 풍부한 상상력을 창의적인 목적으로 사용할 수 있다는 것이다.

악몽은 오래도록 수많은 유명 작가들의 영감의 원천이었다. 세계에서 가장 유명한 공포 소설 작가인 스티븐 킹Stephen King은 비행기에서 잠이 들었다가 한 미친 여자가 자신이 좋아하는 작가를 납치해 불구로 만든 후 살해하는 꿈을 꿨고, 그 결과 『미저리』라는 책이 탄생했다.

그의 대표작 중 하나인 『샤이닝』 역시 꿈에서 영감을 받은 작품으로 잘 알려져 있다. 스티븐 킹과 그의 아내는 영업 시즌이 끝나가는 산악 리조트 호텔에 머무른 적이 있는데, 그날 투숙객이 그 둘뿐이었다고 한다. 그곳에서 그는 세 살배기 아들이 소방 호스에 쫓겨 비명을 지르며 복도를 뛰어다니는 악몽을 꾸었다. 킹은 식은땀을 흘리며 잠에서 깼고, 담배에 불을 붙이고 창밖을 내다보았다. 그날의 기억을 회상하며 그는 이렇게 얘기했다.

> "담배를 다 피웠을 때쯤에는 책의 뼈대가 마음속에 확실하게 자리를 잡았습니다."

프랑스나 다른 지역의 선사시대 동굴 벽화와 고대 유물들은 또 어떤가? 전 세계에 걸쳐 묘사된 많은 동물은 인간과 동물이 혼합된 형태다. 고고학자들은 이러한 환상적인 이미지가 꿈에서 영감을 받은 것일 수 있다고 주장한다. 악몽이 가장 기억에 남는 꿈의 형태라는 점을 고려할 때, 나는 어쩌면 이 그림들이 악몽을 묘사한 최초의 작품일 수 있다고 생각한다. 어쩌면 인간의 스토리텔링 자체가 꿈이나 악몽을 다른 이들과 공유하고자 하는 욕구에서 비롯된 것은 아닐까?

문제해결력을 높이는 수면과 꿈의 설계법

✳

과거 고대 이집트인들은 질병을 치료하거나 중요한 결정을 내리는 데 도움이 되는 꿈을 꾸고 싶을 때 잠을 청할 수 있는 '수면 신전'을 만들었다고 한다. 고대 그리스에서도 사람들은 문제를 해결할 수 있는 '예언'과 같은 꿈을 꾸기 위해 특별한 신전에 가서 기도를 하기도 했는데, 그리스인들은 이를 꿈 배양incubation이라고 불렀다. 오늘날 연구에 따르면 통찰력이 있는 꿈을 꾸기 위한 꿈 배양은 단순 믿음에 기반을 둔 구시대적인 관행이 아닌 실제 과학적 근거가 있는 행위다.

연구자들은 '암시'를 거는 것만으로도 꿈에 영향을 미칠 수 있다는 사실을 발견했다. 여기서 말하는 '암시'는 거창한 주술이나 주문이 아니다. 비록 실패할 확률이 0퍼센트인 완벽한 방법은 아니지만, 특정 사람이나 주제에 대한 꿈을 꾸고 싶다는 의지를 소리 내어 말하는 것만으로도 꿈을 그 방향으로 유도할 수 있다는 것이다. 이런 식으로 꿈을 통해 창의력을 자극하고, 일상 속의 딜레마를 고민하고, 중요한 결정을 내리는 데 도움이 되는 꿈을 유도하여 꿀 수 있다. 하버드대학교의 꿈 심리학자 디어드리 배럿은 학생들에게 잠들기 전 15분 동안 각자 감정과 관련된 고민들을 생각해볼 것을 주문했다.[6] 그 결과, 절반이 넘는 학생들이 그 고민과 관련된 꿈을 꿨다고 답했다.

꿈은 매우 시각적이기 때문에 잠들기 전에 사람이나 아이디어,

장소 또는 문제를 시각화하면 꿈 배양이 성공할 확률이 높아진다. 너무 단순한 이야기처럼 보이지만, 앞서 소개한 바와 같이 이미지 리허설 요법은 반복되는 악몽으로부터 벗어나는 데 효과가 있다. 꿈을 유도하는 꿈 배양 역시 그저 희망적인 아이디어에 불과해보이지만, 여러 연구를 통해 꿈을 특정 방향으로 유도하는 '꿈 배양 접근법'의 효과가 입증되고 있다.

매사추세츠공과대학교MIT 미디어랩의 연구원들은 창의력을 극대화하기 위해 수면과 꿈을 설계하는 기술을 연구해왔다. 연구에 사용되는 기기들은 사용자가 수면 단계에 진입하면 이를 감지하여 사용자가 지금 무슨 생각을 하고 있는지 확인하는 언어적 신호를 보내고 사용자의 반응을 기록한다. 뒤이어 8장에서도 살펴보겠지만, 꿈의 내용을 설계하는 다른 방법으로 감각을 이용하는 방법도 있다.

앞서 악몽을 완화하는 방법처럼 종이에 자신이 꾸고 싶은 꿈의 내용을 적은 메모나, 그 꿈과 관련된 그림이나 물건을 침대 옆에 놓아두는 방법도 있다. 이는 마치 일종의 토테미즘 의식처럼 보일 수 있어도, 모두 꿈을 꾸는 데 도움이 된다고 보고되는 실제적인 방법들이다. 마치 꿈의 원재료를 냄비에 넣고 재료들이 새롭고 예상치 못한 방식으로 섞여 꿈이 만들어지기를 기다리는 것과 같다.

꿈 배양은 문제에 대한 해결책을 시각적으로 생각할 수 있을 때 가장 효과적이다. 렘수면 중 꿈을 꿀 때는 시각 피질이 매우 활발하게 활동하기 때문이다. 잠들기 전에 꿈을 꾸고 싶은 문제나 주제에 대해 생각해보라. 그리고 그 문제에 대한 꿈을 꾸고 잠에서 깨어나

침대 옆에 있는 종이에 꿈의 내용을 적을 것이라고 상상해보라.

배럿의 학생들은 현재 고민 중인 내용을 정한 뒤 어떤 꿈이 그 문제에 대한 잠재적 해결책을 제시했는지 기록했다. 한 학생은 원래 살던 곳보다 작은 집으로 이사했는데 가구를 어수선해 보이지 않도록 정리할 방법이 떠오르지 않던 차에 서랍장을 거실로 옮기는 꿈을 꿨다. 이 학생은 실제로 이 방법을 시도했고 집을 깔끔하게 정리할 수 있었다. 또 다른 사례에서는 매사추세츠와 다른 지역의 학업 프로그램 사이에서 고민하는 학생이, 자신이 탄 비행기가 비상 착륙을 해야 하는 상황이 된 꿈을 꿨다. 꿈속에서 조종사는 매사추세츠에 착륙하기에는 너무 위험하다고 소리쳤고, 꿈에서 깬 학생은 꿈을 떠올리면서 매사추세츠가 아닌 다른 곳의 학교에 등록하는 게 낫겠다고 생각했다.

꿈이 기억나지 않더라도 꿈은 우리가 깨어 있을 때의 생각에 영향을 미칠 수 있다. 번뜩이는 아이디어, 어떤 고민이나 문제에 대한 해결책이나 통찰력이 갑자기 떠오를 때가 있는데, 이러한 영감의 원천은 우리가 기억하지 못하더라도 꿈일 수 있다. 매일 밤 잠자는 동안 꿈은 우리를 위해 창의적인 작업을 수행해준다.

꿈이 보여주는 창의력을 활용하는 법

*

많은 사람이 자신에게 타고난 창의성이 있다고 생각하지 않는다.

어쩌면 여러분도 스스로에 대해 그렇게 생각하고 있을 수 있다. 하지만 꿈을 꾸는 것 자체가 누구나 매일 밤 수행하는 창의적인 행위다. 시각장애인도 꿈을 꾸는데, 그들의 경우 시각의 자극이 부족한 대신 더 많은 소리, 촉각, 미각, 후각을 경험함으로써 시각적 콘텐츠의 부족함을 보완한다. 다행히도 창의적인 꿈을 꾸는 힘은 누구에게나 주어진 능력이다.

꿈속에서 우리는 옛 기억, 최근에 일어난 일이나 계획 중인 일, 감정, 온라인에서 보거나 책에서 읽은 내용, 기타 여러 삶의 조각들을 엮어 매력적인 줄거리를 가진 하나의 이야기를 만들어낸다. 이 이야기 속에서 '제한'이라는 것은 거의 없다. 꿈속 드라마의 등장인물은 가족, 죽은 친척, 역사적 인물, 친구, 직장 동료, 낯선 사람 또는 잠깐 스쳐 간 사람이 될 수 있다. 미국의 시나리오 작가인 찰리 코프먼Charlie Kaufman은 꿈에 대해 이렇게 얘기했다.

> "인간의 뇌는 감정 상태를 영화로 만들 수 있도록 연결되어 있다. 꿈의 각본은 아주 훌륭하게 쓰여 있다. (…) 사람들은 불안, 위기, 그리움, 사랑, 후회, 죄책감 등을 꿈속에서 풍성하고 다채로운 이야기로 만들어낸다."[7]

하지만 어떻게 하면 꿈이 가진 창의적 잠재력을 최대한 활용할 수 있을까? 꿈의 창의성을 높이고 생산적인 방식으로 이끌기 위해 어떻게 해야 할까? 이 모든 일은 꿈을 기억하는 것으로부터 시작된다.

누구나 꿈을 기억해내려고 애써본 경험이 있을 것이다. 꿈의 이미지가 처음에는 흐릿하게 떠오르다가 점점 손이 닿지 않는 곳으로 멀어져 깊은 수면의 바다로 가라앉으면서 기억의 표면에 아주 희미한 잔상만을 남기고 사라져버린 경험 말이다. 여기에는 이유가 있다. 꿈속의 자아와 깨어 있는 자아 사이의 경계를 구분해야 하기 때문이다.

일생에 관한 이야기, 즉 서사적 자아는 자전적 기억으로 구성된다. 당연히 이러한 기억은 깨어 있는 동안 형성되며, 우리는 이러한 자전적 기억을 사용하여 과거의 사건들을 연결하고 미래를 예측한다. 만약 꿈에 대한 기억이 깨어 있는 동안의 자전적 기억과 섞인다면 엄청나게 혼란스러울 것이다. 따라서 매일 아침 자전적 기억이 돌아올 때면, 매일 밤 경험하는 꿈속의 삶은 마음속 지하실로 밀려나게 된다.

꿈을 기억하기 위해 할 수 있는 간단한 방법이 하나 있는데, 바로 당신의 의지를 표현하는 것이다. "나는 꿈을 꿀 것이고, 내 꿈을 기억하여 기록할 것이다"라고 말이다. 꼭 이 문장 그대로 말할 필요는 없지만, 여러 연구에 따르면 이러한 유형의 자기암시는 꿈을 기억할 확률을 높여주는 것으로 나타났다. 그 이유를 생물학적으로 설명할 수 있는 메커니즘은 없지만, 깨어 있는 동안의 생각과 의지의 일부가 꿈을 꾸는 동안에 영향을 미치기 때문에, 이러한 일상 속의 자기암시가 꿈을 꿀 때도 유지될 가능성이 매우 높다.

잠에서 깨어났다면, 잠시만 그대로 있어라. 그리고 침대 옆에 둔 종이나 스마트폰의 노트 앱에 그 순간 꿈에 대해 기억나는 모든 것을 적어보라. 불도 켜지 말고, 밤새 쌓인 스마트폰의 알림도 확인하지 마라. 꿈을 기억할 수 있는 시간은 단 1~2분 정도밖에 되지 않는다. 목표는 수행 네트워크가 곧바로 활성화 상태가 되는 것을 조금이라도 지연시키는 것이다. 깨어나 다른 일을 하기 전에 먼저 천천히 꿈을 떠올리는 습관을 연습해보라. 이런 기억력은 노력과 연습을 통해 향상될 수 있다. 꿈을 기억하는 능력은 첫날 아침의 단편적인 조각들에서 일주일 정도만 지나면 풍부한 줄거리로 빠르게 향상될 것이다. 오늘 하루의 일을 생각하기 전에 꿈을 기록해두라.

인간은 의도적으로 꿈을 잊어버리게 설계되어 있다. 잠에서 깨어나면 수행 네트워크가 뇌를 관장하고 자전적 기억이 시작된다. 이는 내가 누구인지, 어디에 있는지, 앞으로 해야 할 일이 무엇인지 등 일상적인 경험과 연결되며, 자전적 기억이 꿈에 의해 흐려지지 않는 것은 매우 중요하다. 우리에게는 자전거 타기와 같은 기술에 대한 절차적 기억, 특정 사건, 얼굴, 이름에 대한 일화 기억(개인의 경험, 자전적 사건에 대한 기억으로 사건이 일어난 시간, 장소, 상황 등의 맥락을 함께 포함한다) 등 다른 유형의 기억도 필요하며, 자전적 기억은 삶의 모든 경험과 기억들을 서로 이질적인 요소들이 아닌 하나로 연결한다.

잠에서 깨어날 때 자전적 기억으로의 전환을 촉진하는 것은 각성과 관련된 신경전달물질인 세로토닌, 그리고 우리의 주의를 외부로 돌리고 목표 지향적으로 만드는 아드레날린이다. 이 신경 물질이 분비되기 시작하면 꿈을 떠올리고 기억할 기회가 사라지게 된다.

잠에서 깨어나 다시 외부로 신경을 집중하는 것은 강력한 생존 메커니즘이다. 잠을 자고 있을 때 인간은 무력한 상태라고 볼 수 있다. 초기 인류에게는 깨자마자 바로 정신을 바짝 차리고 빠르게 목표 지향적인 상태로 전환하는 것이 자기가 위험에 처했는지 아닌지 판단할 수 있도록 해주었을 것이다. 1장에서 언급했듯이 아드레날린은 깨어 있는 동안 일상의 소음 속에서 중요한 신호를 찾아낼 수 있는 강력한 능력을 부여한다. 꿈을 꿀 때는 이 시스템이 완전히 뒤집어진다. 어떤 신호도 무시한 채 꿈속 광야의 소음 속에서 패턴과 의미를 찾아 헤맨다.

깨어났을 때 다시 꿈을 잊어버리는 경우가 많지만, 꿈의 내용은 여전히 뇌 속에 저장되고 있다는 증거가 있다. 1장에서 살펴본 것처럼 인간의 몸에는 꿈에 대한 별도의 기억 체계가 있는 것으로 보이며, 이런 식으로 잊힌 꿈도 계속 반복되는 것처럼 보인다.

그러므로 꿈을 기억해내는 것이 목표라면, 아주 잠깐만이라도 꿈의 세계에 발을 들여놓기 위해 신경생물학을 우회해야 한다. 꿈속 세계로 다시 돌아가면 현실에서는 불가능한 방식으로 생각을 확장할 수 있다. 꿈을 꾸는 것에 대해 생각하고 꿈을 기억하려고 노력하는 것은, 새로운 언어나 다른 인지적 또는 신체적 기술을 연습하는 것과는 다르게 꿈의 세계 그 자체도 확장할 수 있다.

잠이 드는 순간 새로운 세상이 열린다

✳

만약 우리가 한정된 뇌 공간을 자유롭게 서핑하며 확산적 사고와 수행 기능 사이를 마음대로 전환할 수 있다면 어떨까? 사실 가능한 이야기다. 잠이 들기 직전 몽롱해질 때 우리는 수면 진입sleep-entry상태가 된다. 이때 우리는 의식은 있지만 꿈을 꿀 때처럼 창의적인 생각을 할 수 있다. 이런 식으로 수면 진입 상태의 뇌는 앞서 살펴본 낭종이 생긴 안나의 뇌와 비슷하게 기능한다.

초현실주의 예술가 살바도르 달리Salvador Dalí는 꿈의 세계와 깨어 있는 세계가 모호하게 교차하는 이 지점을 창의력의 풍부한 원천으로 인식하고 이를 활용하는 기법을 개발했다. 달리는 바닥에 접시를 놓은 뒤 그 옆의 의자에 앉아 엄지와 검지로 큰 열쇠를 쥔 후 팔을 접시 위쪽으로 힘을 빼 늘어뜨렸다. 깜빡 잠이 들어 손가락에서 힘이 빠지면 접시 위로 열쇠가 떨어졌고, 달리는 그 소리로 잠에서 깼다. 그리고 잠이 드는 순간 떠올랐던 환각적인 환상을 즉시 스케치했다. 그는 이를 '깨어 있으면서 잠을 자는 비밀'이라고 불렀고, 이를 예술의 영감으로 활용했다.

이러한 수면과 각성의 혼합은 뇌파를 기록하는 뇌파측정기EEG를 통해 감지할 수 있다. 우리가 수면에 들어갈 때, 알파파 또는 '빠른 파동'이라고 불리는 각성 상태의 뇌파와 세타파, 혹은 '느린 파동'이라고 불리는 수면 상태의 뇌파가 모두 활성화된다. 수면 진입 상태는 이 두 뇌파가 겹치는 아주 드문 시간대다. 이는 마치 바다와 강이 만나는 어귀에서 소금물과 민물이 섞여 독특한 무언가를 만들어내듯이, 꿈의 생생하고 야생적인 창의성에 접근하는 동시에 그것을 인식할 수 있는 지점이다. 꿈을 꿀 때처럼, 잠들기 직전의 이 순간에 종종 기묘한 생각과 이미지가 떠오르는데, 이는 우리가 스스로 유도하지 않음과 동시에 깨어 있을 때와 마찬가지로 실시간으로 인식하고 관찰할 수 있다. 달리는 이런 수면 진입을 '보이지 않는 팽팽한 줄 위에서 평행을 유지하며 걷는 상태'라고 묘사하기도 했다.[8]

프랑스 파리 뇌 연구소의 연구원들은 달리가 얘기한 수면 진입 상태의 잠재력에 대해 시험해보기로 했다.[9] 실험 참가자들에게 여덟 개의 연속적인 숫자를 주고 가능한 한 빨리 아홉 번째 숫자를 찾아낼 것을 지시했다. 수열에 숨겨진 규칙을 발견하면 빠르게 문제를 풀 수 있었고, 숫자 하나하나를 단계적으로 들여다보면서 천천히 문제를 푸는 방법도 있었다. 퍼즐을 풀지 못한 참가자에게는 20분간의 휴식 시간이 주어졌는데, 그동안 달리가 했던 것처럼 물건을 들고 의자에 편히 기대어 앉도록 했다. 참가자가 깜빡 졸아 손에 쥔 물건을 떨어뜨리면, 물건이 떨어지기 직전에 무슨 생각을 했는지 이야기하도록 했다. 연구자들은 참가자들의 뇌파, 안구 운동, 근육을 관찰하여 깨어 있는지, 잠이 들었는지, 깊은 수면을 취하고 있는지 확인했다. 20분간의 휴식 후, 실험 참가자들은 다시 숫자 순서 퍼즐을 풀기 시작했다.

이를 통해 연구진은 잠들기 직전 아주 잠깐의 선잠이 놀라운 통찰력을 가져다준다는 사실을 발견했다. 각성과 수면 사이의 '수면 진입 상태' 그룹은 계속 깨어 있었던 그룹에 비해 수열 문제를 풀 가능성이 거의 세 배나 높았다. 연구원들이 무슨 일이 일어나고 있는지 자세히 살펴본 결과, 창의성이 발휘되는 최적의 지점을 발견했다. 퍼즐을 해결하는 것은 중간 수준의 알파파, 즉 각성 상태의 뇌파 및 수행 네트워크와 관련이 있었다. 가장 문제를 빨리 해결한 참가자들은 알파파 수치가 너무 높아 지나치게 각성하지도, 수치가 너무 낮아 더 깊은 잠에 빠지지도 않았다. 이것이 바로 달리가 찾던 '보이지 않는 줄'인 것이다. 흥미롭게도 깊은 잠에 빠진 참가자들은 깨어 있던 그룹과 잠깐 졸았던 그룹 모두와 비교할 때 더 낮은 성적을 보였다.

이로써 연구원들은 오랫동안 믿어져 왔던 사실을 입증했다. 수면의 시작 단계는 실제로 '창의성을 위한 칵테일'이었다. 이 칵테일의 레시피는 해결해야 할 문제, 짧은 잠복기(문제를 잊지는 않았지만 적극적으로 해결하려고 하지 않는 시간), 그리고 수면 진입 상태다. 이 모든 게 준비되면 마지막 단계는 다시 풀어야 할 문제로 돌아가는 것이다.

앞서 언급했듯이 MIT 미디어랩의 연구원들은 창의력이 폭발하는 이같은 순간을 활용하기 위해 기술을 연구하고 있다.[10] 그들은 달리의 기법을 모방하여 수면의 시작을 측정하는 '표적 꿈 배양 장치targeted dream incubation device'를 개발했다. 이 첨단 장치는 가운뎃손가락의 휨 센서flex sensor(플렉스 센서라고도 하며, 휘는 정도에 따라 저항의 크기가 달라지는 센서로 신체의 움직임을 감지할 때 활용되기도 한다)를 사용하여 심박수 감소와 표피 활동의 변화를 감지한다. 달리의 손이 벌어져 열쇠가 접시에 떨어졌을 때 선잠에 들었다는 걸 알 수 있었던 것처럼, 이 장치는 근육의 긴장도가 떨어지면서 손이 느리게 열리는 순간을 감지한다. 수면 상태가 감지되면 이 장치는 꿈을 꾸도록 유도하고 창의력을 자극하도록 설계된 소리 신호를 보낸다. 그러나 이는 아직 새로운 기술이라 실제로 효과가 있는지는 이 글을 쓰는 현재로서는 입증되지 않았다.

수면 진입 단계의 강력한 잠재력은 학습에도 도움이 될 수 있다. 한 연구는 아래로 떨어지는 도형의 방향을 빠르게 전환해 빈틈 없이 쌓아올리고, 이를 통해 점수를 얻는 비디오 게임인 테트리스Tetris의 초보자들과 전문가들을 살펴보았다. 실험 참가자들은 사흘 동안 일곱 시간씩 게임을 했다. 참가자들이 졸기 시작하면 반복적으로 깨워서 그 순간 무슨 생각을 했는지 물었다. 초보자의 4분의 3이 수면 진입 상태에서 테트리스 조각이 떨어지는 것을 보았다고 답했다. 전문가의 경우는 절반만이 그런 경험을 했다. 전문가들 중 일부는 기하학적 이미지를 보긴 했지만, 실험 참가 전에 플레이했던 버전의 도형이었다. 이는 초보자가 학습에 몰입하고 있음을 시사하는 반면, 적어도 일부 전문가는 최근의 테트리스 경험과 이전에 테트리스를 플레이했던 경험을 통합하고 있는 것으로 보였다.

이 모든 과정이 정확히 어떻게 작동하는지는 아직 집중적인 연구가 필요하다. 특히 초보자들이 수면 직전에 테트리스의 이미지를 가장 많이 본 것은 둘째 날 밤으로, 실험을 시작한 시점으로부터 상당한 시차가 있었다. 초보자든 전문가든 관계없이, 수면 진입 상태의 인지 능력은 놀라울 정도로 유사했다. 이들은 모두 테트리스 조각이 눈앞에서 떨어지는 것을 보고, 때로는 회전하고 때로는 화면 하단의 빈 공간에 깔끔하게 들어맞는 것을 보았다고 보고했다.

이 모든 흥미로운 연구를 통해 우리는 수면 진입 상태가 낮 동안의 긴장을 풀었지만 , 그 긴장감을 아직은 완전히 버리지 못한 독특한 마음의 상태라는 것을 이해하게 되었다.

다시 안나의 이야기로 돌아가보자. 안나는 뇌에 생긴 낭종으로 인해 꿈을 꾸는 뇌에서 일어나는 일과 비슷하게 창의력이 폭발하는 경험을 했다. 하지만 낭종이 점점 커지면서 두통이 갈수록 더 잦아지고 점점 참을 수 없을 만큼 심해졌다. 이러한 두통을 겪는 사람들은 두개골이 갈라질 것 같다고 얘기한다. 다행히도 안나에겐 해결책이 있었다. 바로 뒤통수를 작게 절개해 동전 크기의 구멍을 뚫어 액체를 빼내는 것이다. 흉터도 남지 않을 수술이었다.

하지만 안나는 주저했다. 낭종이 가져다준 창의력을 잃고 싶지 않았기 때문이다. 안나는 새로운 세계를 만들어낼 수 있어서 행복했고, 이전의 단순한 세계로 돌아가고 싶지 않았다. 결국 그는 내 제안을 거절했고, 그 뒤로 나는 안나를 만나지 못했다. 안나가 더 이상 두통을 견디지 못하거나, 점점 커지는 낭종 때문에 뇌가 더는 견딜 수 없는 시점이 왔을 거라는 걸 알지만, 어쨌든 그에게는 창의성을 포기하는 것이 더 힘들었던 것이다. 그리고 어쩐지 나는 그런 안나의 마음을 이해할 수 있었다.

꿈과 건강

꿈이 당신의 건강에 대해 말해주는 것들

꿈속에서 펼쳐지는 이야기들은 우리의 현실에 대해 많은 것들을 말해준다. 만약 꿈이 당신 건강에 켜진 '적신호'에 경고를 보내고 있었다면 어떨까? 그 신호를 눈치챌 수 있을까? 꿈이 우리의 신체적, 정신적 건강에 대해 어떤 말을 해주고 있는지 알아보자.

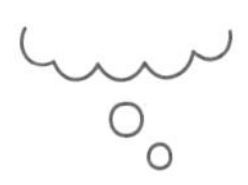

1990년대 후반, 내가 의사 수련을 받고 있던 때의 일이다. LA의 가장 유명한 고속도로인 101번 국도의 끝자락에서 나는 꿈에 대한 내 생각을 완전히 바꿔준 환자를 만났다. 그전까지는 꿈에 대해서도, 그리고 꿈이 우리의 몸과 건강에 어떻게 연결되어 있는지에 대해서도 깊이 생각해 본 적이 없었다. 하지만 그를 만나고부터 나는 그 모든 걸 완전히 새로운 시각으로 바라보게 되었다.

차를 몰고 할리우드 표지판과 엔터테인먼트 산업 스튜디오 부지를 지나 도착한 참전 용사들을 위한 재향군인 의료 센터에서 나는 악몽에 시달리는 55세 남성을 만났다. 그는 어른이 된 후에도 종종 악몽을 꾼 적은 있었지만, 최근에는 악몽을 꾸는 빈도가 너무 잦아

걱정된다고 털어놓았다. 지금껏 이런 적이 없었기에 더욱 겁을 먹은 듯했다. 그때까지만 해도 나는 참전 용사인 그가 악몽을 꾸는 것은 PTSD의 증상일 거라고 생각했지만, 환자는 전혀 그렇지 않다고 말했다. 그는 이미 전쟁은 끝난 지 오래며, 전쟁이 끝난 후에도 그 어떤 후유증을 겪은 적이 없다는 말을 덧붙였다.

그는 자신이 자주 꾸는 악몽을 내게 이야기해주었고, 나는 곧바로 그가 꾸는 악몽들에서 아주 묘한 특징을 발견해냈다. 그의 악몽에 등장하는 주인공이 '동물들'이었던 것이다. 나는 그 말을 듣자마자 그가 조현병일 수도 있겠다고 생각했다. 조현병의 원인은 아직 정확하게 밝혀진 바가 없지만, 그의 증상이 조현병의 증상과 놀라울 정도로 유사했기 때문이다. 바로 꿈과 깨어났을 때의 환각, 그리고 망상이 섞인다는 것이다. 조현병 환자들에게는 종종 동물이 보일 뿐만 아니라 때로는 그 동물들이 대화를 나누고, 어떨 때는 이 환각 속의 동물들이 환자에 대해 서로 이야기하기도 한다. 하지만 내 환자의 경우 꿈속 동물들은 수동적인 모습으로, 환자와 직접 대화한다거나 하지 않고 그저 꿈속 풍경의 일부분으로 등장할 뿐이었다. 그는 또한 깨어 있는 동안 대화를 잘 이어나갔고, 대화 속에서 정신 질환의 증상으로 보일만한 부분은 거의 없었다.

나는 그에게 물었다. "꿈이 두려우신가요?" 환자는 그저 고개를 절레절레 흔들었다. 건강 검진과 혈액 검사 결과는 정상이었지만, 그의 룸메이트는 그가 잠결에 소리를 지르는 경우가 잦아졌고, 꿈의 내용에 따라 몸을 움직이기도 한다고 말했다. 이 남성은 꿈을 꾸는 동안 같은 침대에 누워 있던 사람의 얼굴을 때리기도 했다. 이는 악몽과는 또 다른 문제였다. 바로 수면 중 신체가 마비되지 않는 상태, 즉 렘수면 행동 장애인 것이다(또는 꿈 행동 증상dream enactment behavior, DEB라고 불리기도 한다).

매일 밤, 뇌와 신체는 90분 동안 반복되는 수면 주기를 뚜렷하게 따라간다. 주기마다 얕은 수면이 끝나면, 느리고 리듬감 있는 뇌파가 나타나는 깊은 수면으로 이어진다. 이 서파徐波 수면이 끝나면 또다시 패턴이 바뀐다. 닫힌 눈꺼풀 아래에서 눈이 빠르게 움직이기 시작하고 신체 대부분의 근육이 마비된다. 눈꺼풀 아래에서 안구가 움직이는 이때가 바로 렘수면 단계다.

꿈을 꾸는 시간과 렘수면을 종종 동의어로 설명하는 경우도 있지만, 이는 정확한 설명이 아니다. 우리는 수면의 모든 단계에서 꿈을 꿀 수 있다. 렘수면이 아니어도 꿈을 꿀 수 있지만, 렘수면 중에 우리는 가장 강렬하고 기괴한 꿈을 꾼다. 꿈을 꾸는 동안 몸을 움직일 수 없는 우리는, 꿈속의 극장에 갇혀 스스로가 만든 꿈이 펼치는 쇼를 관람하는 수밖에 없다.

수면 중인 피험자들을 수면 주기상 여러 단계에서 깨운 실험 결과를 보면, 밤이 깊어짐에 따라 꿈의 양상이 달라진다는 것을 알 수 있다. 잠이 든 무렵에 꾸는 꿈에는 깨어 있는 동안의 일상의 요소가 더 많이 포함되는 경향이 있었고, 깰 무렵에 꾸는 꿈은 감정적이고 오래된 자전적 기억이 포함될 가능성이 높았다. 이때의 꿈, 즉 잠에서 깨어나기 직전의 꿈이 가장 잘 기억할 수 있는 꿈이다. 수면 주기와 단계에 따라 꿈의 성격도 변화하는데, 잠이 든 시점에 더 부정적인 경향이 있고 밤이 깊어질수록 점점 더 긍정적으로 변한다.

이 환자와 대화하면서 꿈과 몸이 분리되어 있지 않으며, 꿈꾸는 마음과 건강은 짐작했던 것보다 훨씬 더 밀접하게 연관되어 있다는 깊은 깨달음을 얻게 되었다.

꿈은 당신이 걸리게 될 병을 알고 있다

*

당시에는 몰랐지만 '50대, 남성, 그리고 꿈 행동 증상'이라는 독특한 조합은 몇 년이 지나면 시누클레인증Synucleinopathy이라는 뇌 질환으로 발전하게 된다. 이는 '그럴 수도 있다'가 아니라 거의 항상 그렇다. 꿈 행동 증상의 원인이 불분명한 사람들의 경우에는, 놀랍게도 진단 후 14년 이내에 97퍼센트가 파킨슨병(사지와 몸이 떨리고 경직되는 중추 신경 계통의 퇴행병)이나 루이소체 치매(알츠하이머 치매 다음으로 흔한 퇴행성 치매의 원인 질환)에 걸린다.

시누클레인증은 알파 시누클레인alpha synuclein이라는 뇌에 풍부한 단백질이 비정상적으로 축적되어 발생하는 신경 퇴행성 질환이다. 이 작은 단백질은 뉴런 내부에 존재하며 뉴런 간의 시냅스 유지와 같은 중요한 조절 역할을 수행한다. 단백질이 접혀서 안정화된 구조를 형성하는 과정을 '단백질접힘protein folding'이라고 하는데, 시누클레인증이 발병하면 알파 시누클레인 단백질이 잘못 접히고, 이렇게 잘못 접힌 단백질이 점점 응집되어 일종의 분자 덩어리를 만들어 심각한 결과를 초래한다. 이 덩어리는 세포에서 세포로 점점 퍼져나가 더 많은 손상을 일으키는 것으로 보인다. 이러한 기형 단백질이 어떻게 꿈 행동 증상을 유발하는지는 정확히 알려지지 않았지만, 그 상관관계는 아주 뚜렷하다.

대부분의 경우 기저 질환과 함께 증상이 나타나지만, 일부 증상은 질환 자체가 발병하기 전에 나타날 수도 있다. 의학에서는 질병에 앞서 나타나는 경고 증상을 전조 증상이라고 부른다. 예를 들어 발열과 식욕 부진은 감염의 전조 증상일 수 있다. 그러나 전조 증상은 질병이 발병하기 몇 시간이나 며칠 전에 발생하는 경우가 대부분이며, 꿈 행동 증상이나 시누클레인증처럼 몇십 년의 세월을 두고 발생하는 경우는 거의 없다.

내가 담당했던 환자처럼 겉으로 보기에는 전혀 문제가 없었지만, 사실 그가 꾸는 꿈은 발병하기 몇 년 전부터 뇌와 신경에 문제가 있음을 예측했던 것이다. 그의 꿈과 건강 사이에 연결고리를 이해하는 건 쉽지 않지만, 이를 통해 알 수 있는 건 꿈이 신체 건강과 관련이 있다는 사실이다. 꿈 행동 증상은 시누클레인증을 예측하는 데 있어 영상 검사나 혈액 검사만큼이나 뛰어난 정확성을 가지고 있고, 특히 이 정도로 확실하게 발병을 예견할 수 있는 경우는 거의 없다. 꿈 행동 증상을 겪는 환자들은 대개 생생하고 격렬하며 여러 가지 신체 행동이 나타나는 꿈을 꾼다고 보고한다. 꿈의 줄거리는 일반적으로 자신 혹은 가까운 사람에게 신체적 위협이 가해지는 내용이다. 이 증상을 겪은 50대와 60대, 70대 남성이 기록한 꿈의 내용에 따르면 주먹질, 발차기, 레슬링, 폭행자나 야생 짐승으로부터 도망치는 등 아수라장이 펼쳐진다. 한 남성은 꿈속 익룡의 공격을 막기 위해 베개를 사용하기도 했다. 짐승의 등장은 조현병 증상과 몇 가지 유사점이 있지만, 다른 점이 있다면 꿈 행동 증상 장애에서는 꿈의 이야기가 조현병의 경우처럼 온종일 지속되지는 않는다는 것이다.

꿈 행동 증상은 종종 폭력적이다. 대부분의 경우, 꿈 행동 증상 환자는 깨지 않은 채 꿈의 내용에 따라 몸이 움직이는데, 꿈속의 추격자를 피해 도망치다가 침대에서 뛰어내려 넘어지거나 벽에 부딪히기도 한다. 위협자와 레슬링을 하는 꿈을 꾸던 한 남성은 옆에서 잠들어 있던 아내의 머리를 공격하기도 했다. 실제로 이 장애를 겪는 남성들은 꿈속 공격자로부터 아내를 보호하는 꿈을 꾸다가 잠에서 깼는데, 실제로는 자기가 배우자를 공격하고 있는 경우가 많았다고 한다. 반면에 꿈 행동 증상 장애를 가진 여성은 그 수가 남성에 비해 적고 그들이 꾸는 꿈도 덜 공격적이다. 그리고 남성과 달리 꿈 행동 증상을 보일 때 대체로 폭력적인 움직임을 보이지 않는다.

공격성은 파킨슨병 및 기타 시누클레인증 환자들의 꿈에 공통으로 나타나는 특성이기 때문에, 그저 단순히 이 환자들이 선천적으로 더 공격적인 것이며, 그들의 꿈은 단지 그들의 실제 성격을 반영하는 것이라 생각할 수도 있다. 하지만 사실은 그 반대인 것으로 밝혀졌다. 연구자들은 공격적인 꿈을 꾸는 사람들이 실제 일상에서 얼마나 공격적인지를 측정하는 질문에서 평균보다 낮은 점수를 받는다는 사실을 발견했다. 다시 말해, 이들은 깨어 있을 때는 온화하지만, 잠이 든 후에는 사나워진다는 것이다. 낮의 성격과 꿈속 행동 사이에 왜 이런 이상한 괴리가 있는지는 여전히 수수께끼로 남아 있다.

꿈 행동 증상이 모두 폭력적인 것은 아니다. 개중에는 먹고 마시는 것과 같은 비폭력적인 행동을 보인 사례가 보고된 바 있으며, 꿈 행동 증상을 유발한 꿈의 내용에는 웃음, 노래, 박수, 춤, 키스, 흡연, 사과 따기, 수영 등이 포함되기도 했다. 한 남성은 낚시를 하는 꿈을 꾸면서 상상 속의 낚싯대를 들고 침대 가장자리에 앉아 있는 행동을 보이기도 했다.

꿈 행동 증상을 보이고 전에 없던 유형의 악몽을 꾸는 것은 파킨슨병의 임상적 전조 증상이다. 이 증상은 신경 퇴행성 질환의 처음 신체적 증상이 나타나기 수년, 심지어 수십 년 전에 발생하기 때문에, 꿈에 주의를 기울인다면 빠르게 조기 치료를 시작할 수 있는 소중한 기회를 잡을 수도 있다. 나는 20여 년 전 그 환자를 만난 이후부터 꿈이 신체의 건강에 대해 미리 경고할 수 있는 잠재력이 있음을 보여주는 다른 사례들을 찾아보게 되었다.

예를 들어, 20세기 중반 레닌그라드 신경학 연구소의 바실리 카사트킨Vasily Kasatkin은 350명 이상의 환자가 기록한 꿈 보고를 연구한 결과, 신체적 질병이 꿈에 영향을 미친다는 결론을 내렸다.[1] 수집된 1,600건 이상의 꿈 보고 중 환자들이 꾸는 꿈의 90퍼센트는 전쟁이나 화재, 부상 등 부정적인 주제로 전개되는 경우가 많았다. 흥미롭게도 환자 본인이 앓고 있는 질병의 통증과 직접적인 연관이 있는 꿈은 드물었으며, 그런 사례는 전체의 약 3퍼센트에 불과했다. 꿈에서 환자의 실제 신체적 고통이 나타나는 경우는 아주 드물다는 이 발견은 이후 다른 연구자들에 의해서도 뒷받침되었다.

또한 정확한 비율은 밝히지 않았지만, 카사트킨은 몇몇 질병의 임상 증상이 나타나기 전 꿈에서 질병의 징후가 먼저 나타나는 경우가 있다는 사실을 발견했다. 파킨슨병과 다른 루이소체 질환이 꿈 행동 증상으로 예견될 수 있는 것처럼, 카사트킨은 연구를 통해 불쾌하거나 악몽과 비슷한 꿈이 신체적 질병을 예고할 수 있다는 사실을 확신하게 되었다. 그는 메스꺼움을 느끼거나 상한 음식을 먹고 구토를 하는 꿈을 꾼 환자가 나중에 위염에 걸렸고, 쥐가 배를 갉아먹는 꿈을 꾼 또 다른 환자가 나중에 궤양을 진단받은 사례를 예시로 들었다. 그는 질환을 예견하는 꿈은 밤새도록 지속되며 병든 신체 부위와 관련이 있는 것처럼 보인다는 점에서 다른 악몽과는 다르다고 봤다. 예를 들어 폐 질환을 앓고 있는 사람은 호흡과 관련된 악몽을 꾸는 식이다. 또한 카사트킨은 질병과 회복 과정에서 변화하는 꿈에 대해서도 기록을 남겼다.

이러한 꿈과 신체의 연관성은 흥미롭긴 하지만 환자 대부분이 이미 병에 걸린 후에 꿈을 기억해내는 것이기 때문에 객관적으로 증명하기는 어렵다. 어쩌면 단순히 환자들이 병을 진단받은 후 어떤 식으로든 자신에게 경고하는 듯한 꿈을 떠올리는 확증 편향(자신의 신념과 일치하는 정보는 받아들이고, 일치하지 않는 정보는 무시하는 경향)의 사례일 수도 있다. 그래서 더 강력한 과학적 증거를 찾기 위해 연구자들은 꿈을 포착하여 그것이 미래의 신체 건강과 어떤 관련이 있을지 확인하려고 노력해왔다.

한 연구에서는 심장병 환자 그룹을 대상으로, 관상동맥의 좁아진 부분에 가는 관을 삽입하여 심장이나 혈관의 기능이나 상태를 알아보는 심장카테터법cardiac catheterization 검사를 받기 전 환자들에게 어떤 꿈을 꿨는지 질문했다. 이후 연구진은 퇴원 후 6개월 동안 이 환자들을 추적 관찰했으며 완치, 호전, 변화 없음, 재입원 없이 악화, 악화 후 재입원, 사망 등 여섯 가지 척도로 환자들의 건강 상태를 평가했다.

놀랍게도 연구진은 환자들의 꿈 내용이 그들의 병세와 관련이 있다는 사실을 발견했다. 죽는 꿈을 꾼 남성과 이별하는 꿈을 꾼 여성은 검사 당시 확인한 병의 중증도와 관계없이 임상 결과가 더 나빠질 가능성이 훨씬 더 높았다. 이는 꿈이 어떤 식으로든 병의 예후에 대한 단서를 제공했음을 시사한다. 그들의 꿈이 신체적 건강의 신호였던 걸까? 질병과 치유에 대한 환자의 태도가 꿈으로 나타났던 걸까? 확실히 알 수는 없지만, 이 흥미로운 연구 결과는 꿈을 꾸는 마음과 건강 사이에 어떤 연관성이 있음을 시사한다.

심지어 꿈의 내용에 주의를 기울임으로써 암 진단을 예측하기도 했다. 한 연구에서는, 꿈의 영향으로 유방암 검사를 받아보기로 결심하고, 이후 실제로 유방암 진단을 받은 여성들의 사례를 소개했다. 이들은 건강 상태를 경고하는 꿈이 일반 꿈보다 더 생생하고 강렬하며 위협, 협박 또는 공포감이 느껴진다고 설명했다. 심지어 일부 꿈에는 '유방암' 또는 '종양'이라는 단어가 등장하기도 했고, 또 다른 꿈에서는 유방에 신체적 접촉이 느껴지기도 했다. 이러한 꿈을 꾼 거의 모든 여성들은 꿈이 자신에게 중요한 경고를 주고 있다고 확신했다고 말했다.

수천 년 동안 흔히들 두려워하는 꿈의 내용 중에는 치아에 관련된 것들이 많은데, 그중 대부분이 치아가 빠지는 꿈이다. 오랜 세월 동안 사람들은 치아를 잃는 꿈을 가족의 죽음이나 재산 손실처럼 불쾌한 사건을 예고하는 것으로 해석했다. 1633년에 출간된 아주 오래된 『시골의 상담가The Countryman's Counsellor』라는 책에는 피 묻은 이빨이 나오는 꿈은 자신의 죽음을 예견한다는 내용이 나오기도 한다. 이뿐만 아니라 인터넷을 조금만 찾아보면 치아와 관련된 꿈들의 다양한 해석을 쉽게 찾아볼 수 있다.

하지만 치아 꿈의 진짜 의미는 생각보다 훨씬 평범할 수 있다. 바로 수면 중에 발생한 치아 자극과 관련이 있다는 것이다. 이스라엘 연구진이 대학생 210명을 대상으로 한 연구에 따르면, 치아와 관련된 꿈은 잠에서 깨어났을 때 치아, 잇몸 또는 턱의 긴장감과 관련이 있는데, 이는 수면 중 이를 악물거나 이를 가는 습관에서 비롯됐을 수 있다.[2] 이러한 결과가 다른 연구들로 뒷받침된다면 이가 빠지는 꿈도 그저 평범한 꿈들 중 하나일 수 있다.

내가 만났던 환자의 이야기로 다시 돌아가보자. 그날 이후로 그를 다시 보진 못했지만, 그가 들려줬던 '꿈 이야기'를 통해 그가 어떻게 살았을지 어느 정도 예측해볼 수 있었다. 그는 진행성 신경 퇴행성 질환에 걸렸을 것이고, 아마 정신이 손상되어 결국 사망했을 것이다.

나는 지금까지도 '몸과 마음의 연결성'이라는 주제가 나올 때마다 이 환자를 생각한다. 그리고 건강에 적신호가 켜질 때면 뇌가 꿈을 통해 경고를 보내온다는 것을 떠올리곤 한다. 하지만 오히려 몸에서 마음을 분리시킬 수 있는 그 특별한 능력 덕분에 꿈은 건강과 더 깊이 연관되어 있고, 우리도 꿈에서 힌트를 얻을 수 있는 것이다.

꿈은 정신적 고통의 대처법을 알고 있다

*

거의 모든 사람이 시험에 지각하거나, 공공장소에서 알몸이 되거나, 비행기나 버스를 놓치는 꿈을 꿔본 적이 있을 것이다. 꿈은 최악의 두려움, 솔직한 감정, 그리고 추악한 생각을 아무런 방해 없이 적나라하게 드러낸다. 이런 식으로 꿈은 우리에게 상심이나 건강 악화를 비롯해 힘든 상황을 마주했을 때 위험부담 없이 태도나 감정을 처리할 수 있도록 해준다.

꿈과 이혼에 대해 생각해보자. 의심할 여지없이 이혼은 성인이 된 뒤 겪을 수 있는 가장 큰 변화 중 하나이며, 한 사람의 삶의 주된 관계를 뒤흔들고 건강에도 지대한 영향을 미치는 스트레스성 사건이다. 대규모 연구에 따르면 평균적으로 이혼은 비만이나 과도한 음주와 마찬가지로 기대 수명에 영향을 미치는 것으로 나타났다. 이혼한 사람들 중 일부는 이를 잘 극복하지만 그렇지 못한 사람들도 있다. 회복할 수 있는 사람과 그렇지 못한 사람의 차이는 마음가짐에서 비롯되는데, 과연 이 힘겨운 삶의 사건에서 벗어나 건강한 상태로 회복하는 데 꿈이 도움이 될 수 있을까?

이혼을 겪은 여성들을 대상으로 한 심층 연구에 따르면, 이혼을 가장 잘 극복한 사람들은 전 배우자가 꿈에 계속 나타나긴 해도 더는 부정적인 반응을 보이지 않고, 감정적으로 중립적인 태도를 보이는 것으로 나타났다.[3] 자신이 감정적으로 무관심했다는 사실이 이 여성들에게 해방감을 느끼게 해주었고 이혼을 극복할 수 있도록 도와주었다. 전 배우자에 대한 꿈은 그리움이나 후회의 표시가 아니었다. 꿈의 내용 그 자체보다는 꿈속에서 느꼈던 감정이 부정적인 생각을 잠재우는 열쇠에 가까웠다.

흥미롭게도 연구자들은 이혼 후 감정에 잘 대처하는 사람들이 꿈을 기억할 가능성이 더 높다는 사실을 발견했다. 꿈을 기억하는 것은, 낮에도 꿈에 대해 생각할 수 있어 꿈의 잠재적인 치료적 가치를 높일 수 있다. 이 연구 참가자들은 인생에서 겪어본 적 없는, 감정적으로 매우 힘든 이혼이라는 사건에 대처하기 위해 노력하고 있었다. 꿈에서 전 배우자에게 무관심했던 자신의 모습을 떠올리는 것은 이들에게 카타르시스를 느끼게 해주었을 것이다.

대화 치료는 꿈과 마찬가지로 자아를 표현하고, 다양한 시나리오를 가정하여 연습하고, 감정을 탐색할 수 있는 안전한 환경을 제공한다. 또한, 꿈은 프로이트의 추측처럼 억압된 욕망을 드러내기 때문이라기보다 우리의 진정한 감정을 드러내기 때문에 대화 치료의 유효한 대화 주제가 될 수 있다. 영향력 있는 심리학자이자 지금은 은퇴한 메릴랜드대학의 심리학 교수 클라라 힐Clara Hill은 꿈이 개인적인 경험이고, 수수께끼 같고, 무섭고, 창의적이고, 반복적일 수 있기 때문에 자기 자신을 더 깊이 이해하는 데 도움이 된다고 주장했다.[4] 그러면서도 힐은 치료사들을 위한 교육에서 꿈에 대해 제대로 다루고 있지 않기 때문에 내담자의 꿈을 상담 치료에 활용할 준비가 되어 있지 않은 경우가 많다는 점을 인정했다.

꿈 그 자체의 잠재적인 치료 효과 외에도, 강렬한 감정을 느끼는 꿈을 꾸는 동안 뇌는 화학적으로도 유익한 변화를 겪는다. 렘수면 동안 뇌는 불안을 유발하는 화학적 아드레날린을 차단하는데, 하루 중 이런 일이 일어나는 시간은 이때뿐이다. 이런 식으로 꿈은 일종의 노출 요법으로 작용하여 정서적 충격을 완화하는 역할을 할 수 있다. 이 때문에 나쁜 일을 경험한 사람들은 꿈을 꾼 후 부정적인 감정을 덜 느낀다고 보고한다.

꿈 대화로 관계의 시그널을 읽는 연습

✳

꿈만큼 사적이고 잠재적으로 나를 드러내는 경험은 거의 없다. 꿈은 은밀한 내면의 세계를 보여주기 때문에 꿈에 대해 공유하는 것은 신뢰와 정서적으로 친밀하다는 걸 보여주는 신호가 될 수 있다. 그래서인지 파트너와 꿈에 관해 얘기하는 것이 관계성을 향상하는 훌륭한 방법이라는 연구 결과도 있다. 꿈은 상징적이기 때문에 감정이나 가족 문제와 같이 민감한 사안에 대해 이야기를 할 때도 누군가를 비난하거나 방어적 태도를 취하지 않고, 다툼 없이 열린 마음으로 대화할 수 있게 한다는 장점도 있다. 정서적 친밀감과 관계의 만족도는 서로 밀접한 관련이 있기 때문에 꿈을 공유하는 것이 관계에 긍정적인 영향을 미치는 것은 당연하다.

한 연구에서는 일주일에 세 번, 30분 동안 그날 있었던 일을 공유한 부부와 일주일에 세 번, 30분 동안 꿈에서 겪은 이야기를 공유한 부부를 비교했다.[5] 두 그룹 모두 부부 친밀도와 결혼 만족도가 상승했지만, 꿈을 공유한 그룹의 친밀도 점수가 훨씬 더 높았다. 이처럼 서로가 꾼 꿈을 공유하는 건 관계를 더 긍정적으로 만드는 데 도움이 된다. 이 사실을 더 잘 보여주는 사례도 있다. 결혼한 지 10년이 넘은 어떤 부부는 서로가 더 친밀해질 필요가 있다고 느꼈다. 남편은 아내에게 지금껏 완전히 솔직했다고 생각했지만, 아내는 남편과 정서적으로 유대감을 느끼지 못했던 것이다. 이들이 실험을 통해 꿈의 내용을 공유하면서, 서로의 색다른 면을 드러낼 수 있었다. 남편은 낮에는 내향적이고 진지했지만, 꿈속에서는 활발하고 반항적이었다. 이러한 꿈의 공유는 두 사람을 다시 설레게 했고 결혼 생활에 새로운 활력을 불어넣었다.

미국의 최고 보안 수준의 여성 교도소에서 근무하는 한 사회복지사는 매주 수감자들을 모아 꿈 모임을 시작했는데, 이들이 서로 꿈을 공유함으로써 수감자들 사이에 신뢰감, 공동체 의식, 유대감이 형성되는 것을 발견했다.[6] 꿈에 대해 공유할 수 있다는 것은 수감자들이 긴장하거나 수치심을 느낄 걱정 없이 편하게 감정을 표현하고, 수감 생활의 어려움에 대처하는 데 도움이 되었다. 한 수감자는 꿈 모임을 함께하면서 자신이 교도소에 들어오게 되기까지 배경이 된 과거의 사건들을 이해할 수 있었고 스스로를 더 잘 알게 되었다고 말했다. 또 다른 수감자는 "저는 이 모임이 안심할 수 있는 공간이라는 점이 마음에 들어요. 아무도 서로 판단하지 않아요. 사람들은 열린 마음으로 나와 내 꿈 이야기를 듣고 지지해줘요"라고 말하기도 했다.

영국 스완지대학교의 연구원들이 이와 같은 꿈 모임의 이점을 연구한 결과, 꿈에 대해 공유하고 대화함으로써, 꿈 모임이 없었다면 얻지 못했을 일상과 삶에 대한 중요한 통찰을 깨우칠 수 있다는 사실을 발견했다.[7] 또한 이러한 대화는 꿈을 꾼 사람에 대한 공감, 그리고 꿈을 공유하는 사람과 듣는 사람 사이의 사회적 연결로 이어지기도 했다.

몬터규 울먼Montague Ullman은 뉴욕 브루클린의 메모나이드 의료센터에 꿈 연구소를 설립하고, 꿈을 공유하는 모임의 이점을 널리 알린 정신과 의사다.[8] 그가 개발한 꿈 공유 모임을 위한 프로세스는 여러 명의 모임 뿐 아니라 연인이나 배우자에게도 동일하게 적용될 수 있다. 그의 꿈 공유 모임은 이렇게 진행된다.

① 꿈에 대해 솔직하게 털어놓기

꿈 공유 모임을 위해 가장 필요한 일은 꿈에 관해 이야기하는 사람이 자신의 꿈을 해석하지 않고 있는 그대로 털어놓는 것이다. 꿈에 등장인물이 있는 경우, 꿈을 꾼 사람은 그 인물이 실존하는 사람인지 아닌지, 실존 인물이라면 자신과 어떤 관계인지 자세하게 이야기하는 것이 좋다.

② 서로의 꿈에 공감하기

각 구성원들은 "내가 그 꿈을 꾸었다면, 나는 어떻게 느꼈을까?" "그게 내 꿈이었다면 그 상징은 무엇을 떠올리게 했을까?"라고 생각해보고 서로 얘기한다. 이때 꿈을 꾼 사람에게 직접 말하지 않는다. 울먼은 이렇게 함으로써 모임의 구성원들이 꿈을 진지하게 받아들이고 있다는 것을 보여주며, 때로는 꿈을 꾸는 사람이 의미 있다고 느낄 만한 통찰을 끌어낼 수도 있다. 그런 다음 꿈꾸는 사람을 대화에 다시 참여시킨다.

③ 꿈과 현실 사이의 연관성 찾기

마지막으로, 구성원들은 꿈을 공유한 사람에게 질문을 던지면서 꿈과 깨어 있는 삶, 그리고 꿈의 잠재적 의미 사이의 연관성을 찾도록 돕는다. 울먼은 꿈 모임에서 가장 중요한 기술은 경청, 그리고 연관성을 찾을 수 있도록 질문을 잘 하는 것이라고 했다.

꿈 모임은 세상에서 가장 개인적인 경험인 꿈을 중심으로 공동체와 이해를 구축할 수 있도록 해준다. 꿈을 공유하면서 다른 사람들이 새로운 방식으로 나를 이해할 수 있는 것처럼, 자신의 꿈을 이해하면서 스스로를 더 잘 알게 될 수 있다. 이를 통해 우리는 삶을 더 온전하게 살아낼 수 있을 것이다.

우울과 중독을 가늠하는 꿈

✳

우울증은 세상을 보는 방식, 의욕, 그리고 당연히 기분에 영향을 미친다. 우울증에 걸리면 마음은 절망감, 공허함, 비관으로 가득 찬다. 그리고 밤이 되면 이러한 압도적인 감정의 무게가 꿈속에까지 이어질 수 있다.

당연할 수 있지만 우울한 사람들의 꿈속 이미지는 어두운 경향이 있다. 깨어 있는 동안에는 슬픈 감정이 있더라도 임상적으로 우울증을 진단받을 정도까진 아닌 사람들도 꿈에서는 부정적인 감정을 더 많이 느끼는 경향이 있다. 마찬가지로, 깨어 있을 때 기분이 좋지 않았던 사람들은 꿈에서 더 공격적인 내용, 부정적인 감정, 불행한 일을 겪었다고 보고했다.

꿈은 개인의 심리적 안녕을 가늠하는 척도가 될 수 있다. 꿈은 심각한 우울증을 앓고 있는 사람들에게 심리 상태에 대한 불길한 경고를 보내기도 한다. 심각한 우울 장애를 앓고 있는 사람은 임상적으로 우울증이 없는 사람에 비해 악몽을 꾸는 빈도가 두 배 이상 높았다. 하지만 이에 대한 자세한 메커니즘은 명확하지 않다.

더 걱정스러운 것은 악몽이 우울증 환자의 자살 또는 자살 시도의 위험을 높이는 요인 중 하나라는 사실이다. 우울증이 없는 사람, 우울증 환자, 자살 기도 환자의 꿈을 조사한 한 연구에서는 꿈의 내용이 자살 행동을 예측하는 강력한 지표라는 사실을 발견했다. 자살 기도 환자의 꿈에는 폭력, 선혈, 살인의 빈도가 더 높았다. 청소년의 경우, 잦은 악몽은 그 후의 자살 기도 및 자해와 관련이 있어 그들의 꿈을 분석하는 것은 빠르게 치료를 시작할 수 있는 중요한 기회가 된다.

우울증은 수면과 꿈의 형태에도 놀라운 변화를 가져온다. 우울증에 걸린 사람은 렘수면으로 넘어가기 전의 깊은 잠의 길이가 짧아지고, 렘수면의 길이와 감정적 강도가 증가하는 등 수면의 구조가 바뀐다. 연구자들은 뇌 활동과 관련된 혈류의 변화를 측정하는 기능적 자기공명영상과 같이 비침습적 영상 기술을 사용하여 비우울증 환자와 우울증 환자의 뇌를 분석해 감정 변연계 중추에 차이가 있음을 발견했다. 뇌의 감정 변연계 중추는 우울증이 있든 없든 관계없이 공통적으로 깨어 있을 때보다 렘수면 중에 더 활발하게 활성화되었지만, 우울증을 앓는 사람의 감정 변연계 중추는 그보다 훨씬 더 높은 수준의 활성화 정도를 보였다.

우울증 환자의 렘수면 꿈은 일반적으로 90분의 수면 주기가 지날 때마다 더욱 부정적으로 변하는데, 이는 꿈이 부정적인 기억에 초점을 맞추어서 불안과 공포의 부정적인 회로를 만들어내기 때문일 수 있다. 이 때문에 우울증 환자는 잠에서 깨어나기 직전 마지막 꿈에서 가장 부정적인 기분을 경험하여 특히 아침에 어려움을 겪는 경우가 많다.

일부 우울증 환자들은 적어도 하룻밤 동안 잠을 자지 않고 지낸 후 실제로 기분이 나아졌다고 보고한다. 앞서 언급한 로절린드 카트라이트는 렘수면 시간 단축이 임상적으로 우울한 사람들에게 도움이 되는지 알아보았다.[9] 대부분의 사람은 생생한 꿈을 꾸는 도중에 잠에서 깨면 그날 피곤하고 짜증이 난다. 반면 임상적으로 우울한 사람들을 렘수면 도중 깨운 결과, 일어난 후 기분과 에너지 수준이 실제로 더 좋아졌다. 앞서 얘기했듯이, 우울증이 없는 사람의 경우 꿈은 일종의 밤샘 상담사로서 부정적인 감정을 완화하는 역할을 해주지만, 우울증 환자에게는 이러한 꿈의 기능이 제대로 작동하지 않는 것으로 보인다. 이에 카트라이트는 우울증 환자의 감정적인 꿈을 도중에 멈추면 꿈의 이야기가 부정적인 결말에 도달하는 것을 막을 수 있다고 결론지었다.

그러나 카트라이트의 연구 결과는 수면 개입sleep modification만으로 우울증을 치료할 방법을 제시하지는 않는다. 실제로 수면 연구소가 아닌 이상 오직 렘수면만 단축하는 것은 매우 어렵다. 또한 렘수면 단축으로 뇌에 렘수면이 부족해지면, 충분히 잠을 잘 수 있는 기회를 잡는 순간 뇌는 잃어버린 렘수면과 그만큼 잃어버린 꿈을 보충하려고 하기 때문에 수면 개입만으로는 우울증을 치료할 수 없다.

꿈은 우울증뿐만 아니라 중독에 대해서도 중요한 단서를 제공할 수 있다. 음주나 마약 꿈은 회복 초기 단계의 중독자, 특히 약물이나 알코올 문제를 오래 겪은 중독자에게서 흔히 나타난다. 실제로 중독 물질을 끊고 나서 얼마 동안은 환자가 음주나 마약을 했을 때보다 더 자주 관련된 꿈을 꾸는 경우가 많다. 마치 일상생활에서 더는 충족시킬 수 없는 갈망을 꿈에서 만족시키려는 것처럼 말이다. 이러한 꿈은 회복 중인 중독자에게 강렬한 불안과 두려움, 죄책감, 후회를 불러일으킬 수 있다. 음주와 마약 꿈은 보통 갈망이 가라앉으면서 점점 줄어들게 된다.

중독자가 다시 마약을 사용하는 꿈을 꾸는 것은 나쁜 징조로 생각할 수 있지만, 실은 그 반대다. 음주나 마약에 대한 꿈은 치료 중인 중독자에게는 좋은 예후로 간주된다. 음주나 마약이 꿈이었다는 사실에 안도감을 느낀다는 것은 중독자의 태도와 시각이 달라졌음을 의미한다. 특히 회복 중인 중독자가 꿈에서 음주나 마약을 거부하는 경우 더욱 그렇다. 코카인 중독에서 회복 중인 한 브라질 사람은 이렇게 설명했다. "꿈에서 나는 마약을 해서는 안 된다는 것을 알고 있었어요. 손에 코카인을 쥐고 있었지만 다른 사람에게 줬습니다. 제 잠재의식이 생각과 행동 방식을 바꾸고 있다는 게 신기해요. 심지어 꿈속에서 약을 하지 않았다는 사실을 떠올리면서 행복하게 잠에서 깨기도 합니다."[10]

뇌의 질병을 경고하는 꿈

✳

의사와 환자들의 대화에서는 거의 등장하지 않지만, 꿈 기능 장애는 파킨슨병의 마지막 단계에 속하는 요소이기도 하다. 파킨슨병의 가장 명백한 징후는 균형감각과 협응력(신체의 신경 기관, 운동 기관, 근육 따위가 서로 호응하며 조화롭게 움직일 수 있는 능력)이 상실되고, 기구나 타인의 도움 없이는 걷지 못하며, 목소리가 작아지는 등 신체적 증상이 악화되는 것이지만, 그렇지 않은 증상도 있다. 바로 꿈이다. 파킨슨병 치매 환자의 거의 80퍼센트가 강렬한 악몽을 꾼다고 하며, 공격적인 행동을 보이는 꿈은 파킨슨병 말기 및 신체 무력화 단계의 첫 징후일 수 있다.

앞서 언급한 바와 같이 치매 환자들은 등장인물로 동물이 나오는 꿈을 꾸기도 하는데, 이는 1장에서 얘기했듯이 보통 어린이들이 경험하는 일이다. 그리고 아이들의 꿈과 마찬가지로 치매 환자의 꿈속에 등장하는 동물들은 반려동물이나 가축이 아니라 야생동물이다. 뇌가 퇴화하면서 동물 캐릭터가 다시 나타나는 것을 보면, 노화하면서 3만 년 전이 아니라 3만 세대 전의 원시적인 뇌로 되돌아가는 것은 아닐까 하는 생각이 들기도 한다. 성장하는 뇌와 노화되는 뇌 모두 동물의 꿈을 꾼다는 것은, 짐승과 초기 인류가 공존하던 때, 즉 뇌가 급격히 진화하던 바로 그 시기의 조상으로부터 물려받은 인지적 유산일 수도 있을까? 그렇게 터무니없는 질문은 아닌 것 같다. 악몽과 같은 일부 꿈 장애는 가족 내에서 집단적으로 발생할 수 있으며 유전적으로 이어지기도 하니까 말이다.

중년 남성의 꿈 행동 증상 장애는 거의 필연적으로 파킨슨병으로 이어지지만, 꿈 패턴의 변화는 정신과 뇌가 악화되고 파킨슨병보다 발병률이 높은 질병을 경고하기도 한다. 바로 알츠하이머병이다.

이제 우리는 첨단 영상 기술을 사용하여 뇌 전체의 신진대사 활동과 관련된 일종의 히트 맵heat map(색상으로 표현할 수 있는 다양한 정보를 일정한 이미지 위에 열 분포 형태의 그래픽으로 나타내는 지도)을 만들어 에너지 소비량을 측정할 수 있다. 에너지 소비량이 많을수록 해당 뇌 부위가 더 활발하게 활동한다는 뜻이며, 활성화가 높은 영역은 빨간색으로, 비활성화된 영역은 파란색으로 표시된다. 알츠하이머병 환자들에게서 연구자들은 놀라운 사실을 발견했는데, 히트 맵에서 파란색으로 표시된 뇌 영역, 즉 휴면 상태 영역이 상상력 네트워크와 겹친다는 것이었다. 알츠하이머병으로 위축된 상상력 네트워크는 고도로 활성화되기 어려워지며, 이 현상은 알츠하이머병 환자가 잠을 잘 때 두드러진다. 즉 알츠하이머병을 앓는 경우, 꿈이 매우 제한적이라는 것이다.

그렇다면 알츠하이머병이 꿈의 상실에 영향을 주는 것일까, 아니면 꿈의 상실이 알츠하이머병으로 이어지는 것일까? 혹은 서로 영향을 주고받으며 악순환을 일으키는 걸까? 일부 과학자들은 꿈의 결핍이 뇌의 쇠퇴를 악화시킬 수 있는지에 대해 질문을 던진다. 어떤 사람들은 더 나아가 알츠하이머병 자체가 꿈을 상실하는 질병일 수 있다고 주장하기도 한다. 알츠하이머병은 기억력 상실과 동시에 감정 조절 능력의 상실을 초래하는데, 꿈은 감정 조절에 도움을 준다. 그렇다면 꿈의 상실이 알츠하이머병 환자의 감정 조절에 영향을 미칠 수 있을까? 뇌와 정신은 분리할 수 없고 상호작용하기 때문에 기억력 장애가 동반된 알츠하이머병 환자가 꿈을 덜 꾸는 것인지, 기억을 덜 하는 것인지, 아니면 둘 다인지 구분할 수 없을지도 모른다.

이전에는 다중인격 장애라고 불렸던 해리성 정체 장애를 가진 사람들은 꿈과 자기 자신 사이의 연결고리가 더 복잡하게 얽혀 있다. 해리성 정체 장애는 한 개인이 서로 다른 시간과 상황에 자신의 행동을 통제하는 분리된 인격을 갖는 정신 질환이다. 분신分身이라고 불리는 또 다른 부수적 인격은, 일상에서 발현되어 그 사람의 행동을 대신하기 전에 꿈속의 캐릭터로 먼저 나타나는 경우가 많다. 꿈속 캐릭터는 낮에 나타날 다른 인격의 시험판인 프로토타입인 셈이다.

해리성 정체 장애를 앓는 환자의 뇌를 스캔한 결과, 뇌가 손상 없이 온전한 것으로 나타났는데, 이는 다중인격이 말 그대로 뇌의 분열이나 균열의 산물이 아니라는 것을 시사한다. 나는 좌뇌와 우뇌 반구를 분리하거나 심지어 반구 전체를 제거하는 수술을 진행한 적도 있는데, 흥미롭게도 이러한 환자들은 새로운 정체성은 물론이고 꿈의 변화도 보고하지 않았다. 해리성 정체 장애의 부수적 인격들은 생리적 이상이라기보다 더 흥미로운 현상이다. 즉, 이 분신들은 꿈꾸는 사람의 창조물인 것이다.

해리성 정체 장애를 가진 사람들은 여러 자아가 서로 다른 방식으로 꿈을 꿀 수 있다. 때로는 한 분신이 다른 분신의 꿈에 나타나기도 한다. 하버드대학교 심리학자 디어드리 배럿은 여러 인격이 같은 꿈을 다른 관점에서 어떻게 기억하는지 연구했다.[11] 예를 들어, 한 소녀 환자는 누군가 자신을 해칠까봐 두려워하면서 침대 밑에 웅크려 있는 꿈을 묘사했다. 이 소녀의 다른 인격은 같은 꿈을 떠올렸지만, 기억하는 방식이 달랐다. 그 인격은 꿈에서 소녀의 주의를 끌고자 소리를 내는 아이였고, 소녀의 또 다른 인격은 같은 꿈 속에서 침대 밑 소녀를 위협하는 사람이었다. 이렇듯 해리성 정체 장애를 앓는 경우, 서로 다른 인격이 같은 꿈을 다른 방식으로 꾸기도 한다.

조현병은 환자가 현실을 비정상적으로 해석하는 심각한 질환으로, 꿈에서 그 존재를 드러내기도 한다. 조현병 환자는 환청을 듣거나 누군가가 자신을 노리고 있다는 느낌을 받을 수 있으며, 이러한 불안하고 왜곡된 세계관은 꿈속에서도 그대로 이어진다. 조현병 환자의 꿈은 정말 소름 끼친다. 공격성과 가학성으로 가득 차 있으며, 종종 절단된 신체 이미지가 등장하기도 한다. 꿈에 등장하는 인물의 4분의 3은 은행원, 교사, 친구 등 개인적으로 또는 사회적 역할로 알고 있는 사람들이다. 조현병 환자의 꿈에는 평소보다 더 많은 수의 낯선 사람들이 등장하며, 이들은 주로 남성이고 무리를 지어 나타난다. 조현병 환자가 항정신병 약물치료를 받고 임상 상태가 호전되면 꿈이 덜 무섭고 정서적으로 긍정적으로 변하지만, 여전히 꿈에서 낯선 사람을 더 많이 본다고 보고한다.

꿈이 알츠하이머병, 해리성 정체 장애, 조현병의 진행을 포함해 신체 건강에 대한 단서를 제공할 수 있다는 증거들을 생각하면, 의료 상담과 진찰의 일상적인 부분으로 의사가 환자에게 꿈에 대해 묻지 않는다는 것이 의아하게 느껴질 정도다.

치료가 필요한 악몽 장애 증상

*

가끔 악몽을 꾸는 것은 흔한 일이며 스트레스나 불안 때문에 발생할 수 있다. 대체로 악몽은 무해한데, 악몽이 우리를 잠에서 깨우고 두렵게 하지만, 전반적인 건강이나 안녕에 영향을 미칠 가능성은 거의 없다. 하지만 악몽 장애 증상으로 발생하는 악몽은 다르다. 이는 반복적이고 괴로운 악몽으로, 일상생활에 문제를 일으킨다. 어떤 이들에게는 잠드는 것에 대한 공포가 생길 정도로 끔찍한 악몽이 빈번하게 발생한다. 이러한 종류의 악몽은 우려할 만한 증상이므로 의사나 치료사와 상의해야 한다. 그렇지 않으면 불면증을 겪거나 깨어 있는 동안 극심한 수면욕을 느끼기도 하고, 불안해지는 등의 악순환을 일으킬 위험이 있다.

악몽은 정서적 안녕을 나타내는 척도가 되어줄 수 있다. 이전에는 악몽을 거의 꾸지 않던 사람이 갑자기 자주 악몽을 꾸기 시작한다면 이는 주의해야 할 신호로 받아들여야 한다. 악몽의 패턴이 갑자기 변하는 것도 우려할 만한 증상이다. 악몽은 우울증 등 정신 건강에 심각한 문제가 있다는 경고 신호일 수 있기 때문이다. 정신과 환자의 약 3분의 1이 잦은 악몽을 경험한다고 한다. 두통이 어쩌다 한번씩 발생하다가 그 빈도가 잦아지면 의사에게 알려야 하듯이, 나는 악몽에도 두통만큼 주의를 기울여야 한다고 생각한다.

PTSD 환자의 거의 4분의 3이 잦은 악몽을 경험한다. 바이러스에 감염되면 나타나는 발열이나 신체적 부상에 수반되는 통증과는 달리, 악몽은 그저 단순한 PTSD 증상 중 하나가 아니다. 악몽은 실제 정서적으로 해를 끼칠 수 있다.

PTSD의 특징 중 하나는 정신적 외상성 사건이 계속해서 재생되는 꿈을 반복적으로 꾸는 것이다. 이러한 꿈은 밤에는 두려움과 분노 또는 슬픔을, 낮에는 과다 각성과 불안을 동반한다. 2장에서 설명했듯이 PTSD 악몽은 일반적인, 즉 트라우마로 인해 유발된 것이 아닌 악몽과는 다르다. 일반적인 악몽은 유익할 수 있고 심지어 아동기 발달에 핵심적인 역할을 할 수도 있다. 『몸은 기억한다』를 쓴 정신과 의사 베셀 반 데어 콜크Bessel van der Kolk는, 트라우마는 과거에 관한 것이 아니라 트라우마가 한 사람의 내면에 어떻게 자리 잡고 있는지에 관한 것이며 "꿈 자체가 꿈꾸는 사람에게 트라우마가 될 수 있다"고 말한다.[12] 즉, 어떤 사건에 대한 꿈은 꿈꾸는 사람에게 다시 트라우마를 일으킬 수 있다는 뜻이다. 이에 대한 근거는 간단하다. 꿈을 꾸는 동안 활성화되는 뇌 부위와 깨어 있을 때의 뇌가 반응하는 방식이 일치하기 때문이다. 꿈속에서 달리기를 하면 현실에서 달리기를 할 때와 마찬가지로 운동 피질이 활성화된다. 또한 공포를 경험할 때도 마찬가지다. 꿈이든 현실이든 공포를 느낄 때는 편도체가 활성화되는데, 뇌는 현실과 꿈을 구분하지 못하기 때문에 동일한 트라우마 상황에 다시 노출되고 마는 것이다.

하지만 꿈은 시간이 지남에 따라 외상성 사건을 치유하는 형태로 재연하는 힘도 가지고 있다. 거의 모든 사람이 살면서 트라우마를 경험하지만, 깨어 있는 동안과 꿈을 꾸는 동안 이를 이겨낼 가능성도 매우 높다. 우리 중 일부는 교통사고, 사랑하는 사람의 갑작스러운 죽음, 범죄 피해 등 트라우마를 겪은 후 외상 후 성장post-traumatic growth(정신적 외상을 겪은 후 삶의 태도와 방식이 긍정적으로 변화하는 것)이라는 심리적 반응을 통해 회복할 수 있다. 꿈도 마찬가지다. 꿈의 내용에 주의를 기울이고 그 꿈이 상징적인지 사실적인지 판단하면 우리 자신이 트라우마를 얼마나 잘 극복하고 있는지에 대해 많은 것을 알 수 있다.

최근에 트라우마를 경험한 급성 트라우마 생존자들은 감정의 초점이 명확하므로 꿈 연구에 이상적인 대상이다. 미국의 연구자 어니스트 하르트만은 40명을 대상으로 2주에서 2년 동안 지속된 꿈에 대한 보고를 수집했다.[13] 그는 일반적으로 현실을 생생하게 재현하는 꿈에서 시각적으로 다른 것을 표현하는 비유적인 꿈으로 이동하는 것이 트라우마의 치유 과정을 의미한다는 것을 발견했다. 꿈이 사건 그 자체를 재연하거나, 비슷한 상황에서의 상징적인 내용으로 변하는 것이다.

트라우마를 겪은 후 흔히 꾸는 꿈 중 하나는 해일이 밀려오는 꿈이다. 이 꿈은 피해자들이 겪은 트라우마의 종류에 관계없이 보고된 바 있다. 하르트만에 따르면 꿈의 내용은 이런 식이다.

> "친구와 함께 해변을 걷고 있었는데, 갑자기 10미터 높이의 거대한 파도가 우리를 휩쓸고 지나갔다. 나는 물속에서 발버둥치고 몸부림쳤다. 결국 빠져나왔는지 어땠는지는 잘 모르겠다. 그러다 깨어났다."

하르트만은 또한 트라우마 생존자들이 비슷하게 회오리바람에 휩쓸려가는 꿈을 꾼다는 사실을 발견했다. 그는 한 여성이 잔인한 폭행을 당한 후 바뀐 꿈 내용을 소개했다. 여성은 첫 번째 꿈에서는 갱단의 공격을 받았고, 그다음 꿈에서는 커튼에 목을 졸렸으며 그다음은 기차가 달려오는 길목에 서 있는 꿈을, 그리고는 네 번째 꿈에서 회오리바람에 휩쓸려가는 꿈을 꿨다고 보고했다. 모두 끔찍한 상황들이지만 이러한 꿈 이미지의 변화는 치유의 신호다.

시간이 지나 사건의 감정적 영향이 덜 즉각적으로 변화함에 따라 꿈속의 이미지도 변한다. 두려움이나 공포를 맥락화하던 꿈은 무력감과 취약성을 상징하는 내용으로 바뀔 수 있는데, 예를 들어 작은 동물이 길가에서 죽어가는 꿈이나 비바람이 몰아치는 넓은 들판을 피난처 없이 헤매는 꿈으로 표현될 수 있다. 그 후로는 생존자의 죄책감과 슬픔이 중심적인 이미지로 나타나는 꿈이 등장한다.

우리 대부분이 인생의 어느 시점에 트라우마를 겪는다는 것을 생각할 때, 모두가 PTSD를 겪는 것은 아니라는 점은 흥미롭다. 외상성 사건에 노출된 후 누가 PTSD를 겪고 누가 겪지 않는지에 대한 변수는 여전히 애매하다. 따라서 트라우마와 그에 수반되는 악몽을 떨쳐버리지 못하는 사람과 극복할 수 있는 사람을 예측하는 것은 거의 불가능에 가까울 정도로 어렵다. 그러나 최근 획기적인 신경생물학 연구로 일종의 분자 스위치 역할을 할 수 있는 뉴로텐신neurotensin이라는 단일 분자가 발견되었다.

남부 캘리포니아에 위치한 살크 생물학 연구소의 하오 리Hao Li 연구원은 긍정적인 기억과 부정적인 기억이 뇌에 어떻게 각인되는지 연구하는 팀을 이끌었다.[14] 연구팀은 뉴로텐신이라는 신호 분자(세포 사이에서 신호 전달에 사용하는 물질)가 스위치처럼 작용하여 기억의 정서적 각인을 담당하는 편도체에서 기억을 부정으로 남길지 긍정으로 남길지를 순간적으로 결정한다는 사실을 밝혀냈다. 작은 신경전달물질 하나가 우리의 경험을 지울 수 없을 만큼 강력하게 각

인시킬 수 있다는 사실은, PTSD 자체의 생물학적 토대를 이해하는 데 큰 도움이 될 수 있다. PTSD의 경우 뉴로텐신이 뇌에 부정적인 신호를 과부하시켰을 수도 있다. 이것이 사실이라면 뉴로텐신은 트라우마 치료의 새로운 길을 제시할 수도 있다. 뉴로텐신을 조절함으로써 악몽 같은 기억이 반복되는 현상을 치료할 수 있을지도 모른다는 연구는 아주 희망적으로 진행되고 있다.

악몽을 제대로 대처하지 않으면 정신 질환을 앓고 있는 사람들에게는 더욱 심각한 증세로 발전할 가능성이 있다. 심각한 악몽은 꿈의 세계뿐 아니라 깨어 있는 삶을 침범할 수 있는 잠재력을 갖고 있기 때문이다. 한 사례 보고에 따르면 자살 기도 후 병원에 입원한 78세 남성은 3년 동안 악몽에 시달리고 있었다. 악몽의 내용은 항상 같았다. 어떤 남자가 큰 개와 함께 도끼를 휘두르며 그를 쫓아오는 것이었다. 꿈이 너무 끔찍한 나머지 그는 아예 잠을 자지 않으려 한 적도 있었다. 병원에 입원하기 전 2주 동안 그는 남자와 개가 등장하는 청각 및 시각적 환각 때문에 반복해서 깨어났고, 결국 그는 꿈속의 남자가 하려는 일을 끝내기 위해 도끼로 자살을 시도했다. 이처럼 악몽이 정신병적 증세로 전환되는 다른 사례도 보고되고 있는데, 이는 꿈이 깨어 있는 삶에 얼마나 영향을 미칠 수 있는지 뿐만 아니라 악몽의 초현실적이고 강렬한 특성을 잘 보여준다.

우리를 온전하게 만드는 꿈

*

꿈속에서 우리는 상상할 수 있는 범위를 넘나들며 아주 다양한 방식으로 온전해질 수 있다. 신체 절단 수술을 받은 환자들은 꿈속에서 다시 모든 팔다리를 갖게 되었다고 이야기한다. 잃어버렸던 팔다리가 꿈속에서 회복된 것이다. 잠자는 뇌는 절단된 팔다리로부터 아무런 신호나 자극을 받지 못하지만, 꿈을 꾸는 뇌는 마치 팔다리를 절단한 적이 없는 것처럼 꿈속에서 자유롭게 사용할 수 있다.

다양한 연구에서 절단 수술을 받은 환자들이 꿈속에서 일상에서는 할 수 없는 행동을 한다고 보고한다. 팔이 절단된 한 남성은 양손으로 모기를 때려잡는 꿈을 꿨다. 또 다른 사람은 페라리의 테스타로사 모델을 운전하면서 기어를 변속하는 꿈을 꾸었고, 나중에는 오른손에 샴페인 병을, 왼손에 잔을 들고 친구에게 술을 따라주는 꿈도 꾸었다. 한쪽 다리의 대부분을 절단한 한 여성은 비행기가 머리 위로 너무 낮게 날자 뛰어서 도망치는 꿈을 꾸었다.

우리를 온전하게 만드는 꿈속에서 일어나는 일은 마치 마법같다. 만성 척수 손상으로 휠체어에 갇혀 살아온 두 여성은 각각 놀라운 사실을 보고했다. 두 여성은 각각 휠체어가 등장하는 꿈을 꿨는데, 꿈속에서는 휠체어에 앉은 적이 거의 없었다. 그들은 꿈속에서 빈 휠체어를 밀면서 걸어다녔다.

파킨슨병과 꿈 행동 증상을 가진 환자들에게 꿈은 깨어 있는 신체의 한계를 극복할 수 있게 해준다. 모든 과학적 논리를 거스르고 이들은 역설적 운동성paradoxical kinesis이라고 불리는 현상을 보인다. 낮에는 팔다리가 딱딱하고 뻣뻣하며 움직임이 느리고 거의 경직되어 있다. 이것은 움직이려는 의지가 부족해서가 아니라 뇌에서 신체로 전달되는 신호가 고장났기 때문이다. 이러한 파킨슨병 환자들이 꿈 행동 증상으로 인해 꿈속의 움직임을 현실에서 행할 때, 그들의 움직임은 우리가 예상하는 것처럼 느리거나 뻣뻣하지 않다. 빠르고 유연하게 움직일 수 있으며, 낮 동안의 허약함, 몸의 떨림이나 경직 등의 증상은 사라진다. 목소리도 달라져서 낮에는 조용하고 떨리던 목소리가 잠결에 소리를 지를 만큼 크고 또렷해진다. 이 역설적 운동성이 어떻게 가능한지는 여전히 수수께끼로 남아 있다.

꿈의 신경과학에 대해 점점 더 많이 알게 되면서 꿈만이 드러내고 표출할 수 있는 몸과 마음의 잠재력에 대해서도 알아가고 있다. 꿈속에서는 상상력, 줄거리, 인간관계만이 무한한 것이 아니다. 꿈을 꾸는 뇌는 다른 능력들도 가지고 있다.

거의 25년 전 그 환자를 만난 이후 나는 여러 학문 분야에서 다양한 과학적 관점으로 인간의 뇌와 마음을 돌보고 연구하는 데 평생을 몰두해왔다. 더 많이 배울수록 나는 뇌와 마음의 신비에 대한 경외심과 경이로움에 사로잡혔다. 그중에서도 꿈 안에서 깨어나 꿈을 조절하는 능력은 과학이라기보다는 마술처럼 느껴진다. 수천 년 동안 거론되었지만 최근 10년 동안에야 비로소 뇌가 실제로 꿈을 꾸는 동시에 부분적으로 깨어 있을 수 있다는 사실을 과학적으로 조사하고 증명할 수 있게 되었다. 바로 '자각몽'에 대한 이야기다.

꿈과 호기심

자각몽, 꿈의 주인공이 되다

자고 있지만 깨어 있는 감각을 느껴본 적이 있는가? 꿈속에서 맞이한 위기의 순간에 '아, 이건 꿈이니까!'라는 생각에 안심해본 적은 없는가? 꿈에 관한 가장 매혹적인 이야기, '자각몽'의 세계로 초대한다.

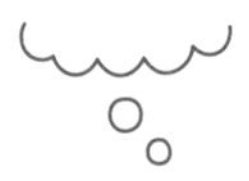

1975년, 신경과학 학계를 뒤흔든 실험이 있었다.[1] 이 실험의 목표는 깨어 있는 상태, 잠자는 상태, 꿈꾸는 상태에 대한 우리의 이해를 혁신적으로 바꾸는 것이었다. 즉, 꿈을 꾸는 동안에도 깨어 있을 수 있다는 것을 보여주고, 그 상태로 외부 세계와 소통함으로써 이를 증명하는 것이다. 달리 말하면, 자각몽이 실재한다는 것을 증명하는 것이었다.

영국의 한 수면 실험실에서 앨런 워슬리Alan Worsley라는 피험자는 잠들기 전에 매우 구체적인 지시를 받았다.[2] 워슬리는 자신이 꿈을 꾸고 있다는 것을 인식하면 꿈속에서 눈을 좌우로 움직여달라는 요청을 받았다. 눈의 움직임이 무작위가 아니라는 것을 보여주기 위해 깨어 있는 동안 연습한 대로 눈을 좌우로 부드럽게 움직이도록 지시를 받았다. 이러한 의도적인 안구 움직임은 렘수면의 불규칙한 안구 움직임과 확실히 구분되기 때문이다.

렘수면 중에는 눈의 움직임과 호흡을 조절하는 근육을 제외한 모든 근육이 마비되기 때문에 운동 명령이 눈에 집중된다. 이 때문에 렘수면 중 꿈을 꾸는 사람은, 치명적인 중추 뇌 손상으로 눈 아래쪽이 마비되어 눈 깜빡임이나 안구 움직임으로만 의사소통을 할 수 있는 락트인 증후군locked-in syndrome과 유사한 상태가 된다. 이 대담한 실험을 앞둔 연구자 키스 헌Keith Hearne은 대범한 주장에는 그만큼 확실한 증거가 필요하다는 것을 알고 있었다. 헌은 피험자가 눈의 움직임을 보이더라도, 이는 피험자가 눈을 좌우로 움직일 수 있을 만큼 잠에서 어느 정도 깨어난 상태일 수도 있지 않냐는 등 실험에 대한 회의적인 시각에 충분히 대비를 했어야 했다.

따라서 그는 피험자의 두피에 수십 개의 전극을 연결하여 실험 내내 수면의 전기적 신호를 기록했다. 이를 통해 사람이 의도적으로 꾸며낼 수 없는 수면 중의 낮은 진폭과 빠른 파형의 뇌파 전기 신호인 수면 방추sleep spindles를 기록할 수 있었다. 피험자의 근육의 전기 활동을 추적하는 전극 세트도 신체가 거의 완전히 마비된 무無긴장 상태라는 걸 증명해주었다. 전기 활동의 또 다른 척도, 즉 수면 중 신체 전기 활동의 저하도 역시 위조할 수 없기 때문이다. 그렇다면, 대체 자각몽이란 무엇일까?

자각몽이란 무엇인가

*

자각몽은 꿈을 꾸면서 자신이 꿈속에 있다는 것을 깨닫는 경험이다. 자각몽을 꾼다는 것은 현실보다 신비롭고 역설로 가득 찬, 생생하고 비논리적인 꿈의 풍경에 들어가, 꿈꾸는 사람이 이 상상의 세계의 창조자이자 배우를 넘나드는 '이중 의식' 상태다. 어떤 경우에는 자각몽을 한 단계 더 발전시켜 자각하는 것뿐 아니라 꿈속의 행동을 제어할 수도 있는데, 이것은 일종의 실시간 꿈 내비게이션이라고 할 수 있다.

자각몽은 히피나 종교의 구루들이 발견한 뉴에이지(서구식 가치와 문화를 배척하고 종교, 의학, 철학, 천문학, 환경, 음악 등의 영역의 집적된 발전을 추구하는 신문화운동)적 현상이 아니다. 자각몽은 고대부터 존재해왔으며, 헌과 같은 자각몽에 대한 현대 연구가 시작되기 훨씬 이전부터 잘 알려져 있었다. 아리스토텔레스는 기원전 4세기에 쓴 글 『꿈에 관하여On Dreams』에서 자각몽을 언급했다. 그는 자각몽을 두고 "잠들어 있을 때 종종 내 의식 속에 지금 나타나는 것이 꿈일 뿐이라고 선언하는 무언가가 있다"고 썼다.

수세기에 걸친 자각몽의 묘사와 설명에도 나를 포함한 신경과학계는 그동안 자각몽에 대한 주장을 대부분 회의적으로 바라보았다. 꿈의 정의 자체가 '의식 밖에서 일어나는 것'이기 때문이다. 자각몽을 꾼다고 생각하는 사람들은 단순히 꿈속의 꿈처럼 '자각몽을 꾸는 꿈'을 꾼 것이었을 수도 있다. 또는 잠시 깨어났다가 다시 잠이

들어 꿈속에서 의식이 있다고 착각한 것일 수도 있다. 혹은 자각몽이라고 생각한 것이 아직 완전히 잠들지 않았거나 잠에서 깨어난, 반쯤 깨어 있는 상태의 환각에 가까웠을 수도 있다.

연구자들이 직면한 또 다른 문제는, 자각몽이 가능하다고 해도 이를 어떻게 증명할 수 있느냐는 것이었다. 자각몽을 꾸고 있는 사람을 깨우지 않고 어떻게 객관적으로 자각몽을 꾸고 있다는 것을 증명할 수 있을까? 그리고 일단 깨우고 나면 꿈을 꾼 사람의 주관적인 기억에 의존할 수밖에 없다. 헌도 잘 알고 있었듯 일부 피실험자들은 연구자들의 기대를 충족하고 싶어 하기 때문에, 연구자가 듣고 싶어 하는 말을 들려주기 위해 단순히 자각몽을 꿨다고 보고할 수도 있다. 또한 렘수면 중에 신체가 마비되어 있다면, 꿈을 꾸고 있는 사람이 어떻게 자각몽을 꾸고 있다는 신호를 보낼 수 있을까?

수년 동안 연구자들은 자각몽을 꾸는 사람이 외부와 의사소통을 할 수 있는 다양한 방법을 시도해왔다. 한 연구자는 자각몽 중에 손가락을 들게 하기도 했으며, 어떤 사람들은 다른 작은 움직임을 훈련시키거나 잠자는 사람의 손에 테이프로 붙인 스위치를 작동시키려고 시도했다. 하지만 어느 방법도 효과가 없었다. 렘수면 동안의 신체 마비는 훈련이나 의지로 극복할 수 없기 때문에, 이와 같은 손가락 등의 움직임은 불가능한 일이었다. 렘수면 상태의 몸은 눈 아래 전체가 마비된 사람과 매우 흡사하다는 사실을 기억하는가? 당시 대학원생에 불과했던 헌은, 눈의 움직임이 자각몽의 비밀을 파헤칠 중요한 열쇠가 될 수 있다는 사실을 깨달았다.

헌은 꿈 신경과학의 새로운 영역을 개척할 것이라고는 보이지 않는 초보 연구자였다. 그러던 중 우연히 실험 대상인 워슬리를 만났다. 37세의 워슬리는 헌과 그의 아내가 새집으로 짐을 옮기는 것을 돕다가 자신이 자각몽을 꾼다는 얘기를 했다. 헌이 자각몽에 대한 연구를 시작하자 워슬리는 기꺼이 자원했다.

당시 수면 연구실에서는 렘수면이 시작되는 시점을 알기 위해 안구 전위도electro-oculogram라는 장치를 사용하여 안구 움직임을 측정하고 있었다. 이 장치는 눈 근처의 피부에 전극을 부착하는 방식으로 작동한다. 감은 눈꺼풀 아래에서 눈이 움직이면 전기 신호에 변화가 생기는데, 그 신호는 두루마리 종이에 긁힌 선으로 기록된다.

일반적으로 렘수면 중에는 눈의 움직임이 무작위적으로 일어나기 때문에 안구 전위도 차트에서는 일정한 패턴을 찾아볼 수 없다. 그래서 헌은 워슬리에게 눈을 좌우로 움직이도록 요청했다. 이러한 의도적인 안구 운동은 렘수면의 무작위적인 안구 운동과 함께 일어나는 것이 불가능하므로 정상적인 렘수면 중에 안구 전위도 차트에 그려지는 불분명한 구불구불한 선과 쉽게 구분될 것이었다.

자각몽을 꾸는 사람이 안구 운동으로 신호를 보낼 수 있다는 아이디어를 테스트한 첫날밤, 워슬리의 자각몽 전기 신호는 단 한 번도 발생하지 않았다. 오전 8시가 조금 지난 무렵 실험에 실패했다고 생각한 헌이 차트 종이를 정리하기 시작한 바로 그때, 워슬리는 자각몽 신호를 보내려 하고 있었다. 하지만 이미 늦은 뒤였다. 안구 전위도 장비의 전원이 이미 꺼진 뒤였기 때문이다.

일주일 후, 헌은 다시 한 번 시도했다. 이번에도 워슬리는 아침 8시가 조금 지난 시각에 자각몽을 꿨고, 이번에는 헌과 안구 전위도 장비도 준비되어 있었다. 눈동자의 움직임은 안구 전위도의 두루마리 종이에 크고 뚜렷한 지그재그를 그렸다. 헌은 놀라움을 금치 못했다. 밤새도록 기록 장비를 지켜보느라 반쯤 잠든 상태였던 헌은 차트에 나타난 일정한 움직임을 보고 자신이 역사를 목격하고 있다는 사실에 잠이 확 달아났다. 이후 그는 그 신호가 마치 또 다른 태양계에서 온 것처럼 느껴져 흥분했다고 썼다.[3] 자각몽에 대한 엄격한 과학적 탐구의 문이 공식적으로 열린 순간이었다.

안구 전위도의 두루마리 차트 용지에 위아래로 선을 긋는 자각몽의 전기 신호는 신경과학계에 큰 충격을 주었다. 누군가 꿈을 꾸는 동안 실시간으로 신호를 보낸 최초의 사례로, 인류 중 적어도 한 사람은 꿈속에서도 깨어 있을 수 있다는 사실이 증명된 것이었다.

아리스토텔레스가 자각몽에 대해 글을 쓴 지 2,500여 년이 지난 후, 헌은 자신의 연구 결과를 발표했다. 그의 연구는 동료 연구자들의 검토와 논쟁을 거쳐 받아들여졌고, 다른 연구자들도 헌의 방식과 동일하게 '좌-우-좌-우 안구 신호'를 사용한 자체 자각몽 테스트를 통해 그의 연구를 검증하고 확장했다. 이 신호는 현재 전 세계 수면 실험에서 사용되는 일종의 모스 부호로써 자각몽 연구의 표준이 되었다. 수면 실험에서 이 안구 신호의 의미는 이렇다.

"나는 지금 자각몽을 꾸고 있다."

자각몽은 어떻게 나타날까

✳

그 이후로 자각몽에 대한 과학적 이해는 더욱 확장되고 정교해져 오늘날 과학계에서 커다란 분야로 자리 잡았다. 헌의 실험 이후 40년 동안 이 주제에 대한 더 많은 사실이 밝혀졌지만, 여전히 많은 것이 수수께끼다. 연구자들은 자각몽의 신비를 더 깊이 파헤치기 위해 다양한 영상 기술을 시도하고, 자각몽을 꾸는 사람들에게 새로운 과제를 주면서 뇌가 어떻게 기능하는지에 대해 더 많은 것을 알아내길 바랬다. 마치 자각몽이 이전에는 보이지 않았고 접근할 수도 없었던, 뇌의 작용을 들여다볼 수 있는 새로운 창문인 것처럼 말이다.

사람들에게 자각몽을 꿔본 적이 있냐고 질문하면, 거의 모든 사람이 일생에 한 번 이상 우연한 자각몽을 경험했다고 말한다. 그리고 다섯 명 중 한 명은 한 달에 한 번 이상 자각몽을 꾼다고 답한다. 자각몽은 남성보다 여성에게 더 흔하게 나타나고, 어린이에게 더 흔하며, 청소년기 이후에는 감소하는 경향이 있다. 자각몽을 꾸는 것은 마치 의식이 새로운 차원을 발견한 것과 같다. 자각몽은 꿈을 꾸고 있지만 깨어 있을 수 있는 경계가 모호한 하이브리드 상태다.

하지만 이 상태가 대체 어떻게 가능한 걸까? 꿈꾸는 사람이 아직 잠들어 있는 상태에서 어떻게 꿈을 꾸고 있다는 것을 인식할 수 있을까? 그리고 꿈이라는 것을 자각했을 때, 왜 이 자각이 꿈꾸는 사람을 깨우지 못하는 걸까? 뇌에서 어떤 일이 일어나길래 정신이 부분적으로 깨어 있는 상태와 잠든 상태를 모두 유지할 수 있는 걸까?

지금껏 얘기해왔듯이, 평범한 꿈을 꾸는 동안은 상상력 네트워크가 활성화되고 수행 네트워크가 꺼진다. 하지만 자각몽에서는 꿈속의 무언가가 갑자기 이성의 스위치를 켜버린다. 자각몽을 꾸는 사람들은 종종 꿈속의 장면이 너무 비현실적이어서 지금 꿈인 게 분명하다는 것을 깨달았다고 보고한다. 자각몽을 유발할 수 있는 일반적인 꿈의 내용, 즉 '꿈 신호'에는 이상한 느낌, 불가능한 행동, 괴기하거나 모양이 바뀌는 몸, 기이한 상황이나 설정 등이 있다. 하지만 흥미로운 점은 이러한 이상한 일들이 평범한 꿈에서 어느 정도 정상적으로 일어난다는 것이다.

그렇다면 지금 경험하는 것이 꿈이라는 것을 명확히 알아차리는 순간 뇌에서는 어떤 일이 일어날까? 기상천외한 내용이나 전개가 꿈의 일반적인 특징임을 감안할 때 꿈 신호의 기괴함은 평범한 꿈속 이미지나 내용과 어떻게 다를까?

이 질문에 대한 정확한 답을 알지는 못하지만, 연구자들은 자각몽이 일반 꿈과 어떻게 구별되는지 엿볼 수 있는 몇 가지 단서를 발견했다. 예를 들어 자각몽을 꿀 때 촬영한 FMRI는 자각몽을 꾸는 동안에는 수행 네트워크가 부분적으로 다시 켜질 수 있음을 시사한다. 자각몽의 과학적 원리를 살펴보기 위해 연구자들은 두피에 전달되는 전기 신호인 뇌파를 관찰했다. 이때 자각몽의 뇌파 기록에 일반적인 꿈을 꿀 때와는 다른 뇌파가 기록되었는데, 이는 바로 전전두피질 일부에서 고주파 뇌파가 강화된다는 것이었다. 1장에서 살펴본 것처럼 전전두피질은 논리를 담당하고 있는 뇌로, 꿈을 꿀 때는 활성화되지 않는 게 일반적인데 말이다.

자각몽을 유발하는 요인에 관한 연구는 점점 진전되고 있다. 과학자들은 비침습적 방식으로 두개골 바깥에서 뇌로 미세한 전기 펄스electric pulse(순간적으로 전압이 높이 올라갔다가 내려가는 것)를 보내 전두엽 피질의 여러 부분을 활성화하는 경두개 자극술이 자각몽 경험이 없는 사람의 경우에도 수면 중 자각성을 증가시킨다는 사실을 발견했다. 경두개 자극술은 우울증이나 편두통과 같은 질환을 치료하기 위해 개발 중인 기술이지만, 이를 통해 뇌와 마음의 작용에 대해서도 새로운 사실들이 밝혀지고 있기 때문에 언젠가는 자각몽을 마음대로 꿀 수 있는 장치가 만들어질 수 있을지도 모른다.

현재로서는 자각몽이라는 이중 세계 속으로 자주 들어갈 수 있는 사람은 비교적 소수에 불과하다. 자각몽은 놀라운 정신적 능력이지만 불안정한 상태이며, 항상 완전히 통제 가능한 것은 아니다. 한 기발한 실험에서[4] 자각몽을 꾸는 사람들에게, 깨어 있는 동안 자기의 방과 같은 친숙한 배경을 잘 살피고 세밀한 부분까지 기억하도록 했다. 그런 뒤 자각몽을 꿀 때 꿈의 배경을 기억 속의 장면과 비슷하게 바꿔보도록 요청했다. 이러한 꿈속의 '복원 작업'은 일반적으로 정확하지 않았고, 자각몽을 꾸는 사람이 기억 속 모습과 꿈속의 모습에 다른 점이 있다는 것을 인식하더라도 꿈의 이미지에는 변함이 없었다. 한 실험 참가자는 자신의 경험을 이렇게 묘사했다.

> "문을 열었더니 방이 텅 비어 있었어요…. 저는 문을 닫고 실제 제 방에 있는 것들을 그대로 볼 수 있도록 노력했어요…. 눈을 감고 기억할 수 있는 사물을 떠올렸고 눈을 뜨면 그 사물이 나타났죠. 처음에는 과일이 놓인 나무 책상이 나타났고… 그렇게 계속 눈을 감고 완벽하게 제 방을 재현하려고 노력했는데 어느 순간부터 꿈이 제멋대로 흘러가기 시작했어요."

이 사람은 자각몽 속에서 자신의 방을 제대로 재현하지 못했고, 다른 참가자들도 비슷한 어려움을 겪었다.

자각몽을 꾸는 동안 의식이 깨어 '이것은 꿈이다'라는 감각은 있지만, 우리 몸은 평소 꿈을 꿀 때와 마찬가지로 꿈속에서 자신이 경험하는 것이 현실인 것처럼 반응한다. 예를 들어, 자각몽을 꾸는 사람이 꿈속에서 숨을 참으면 신체는 중추성 무호흡증(뇌가 호흡을 조절하는 근육에 적절한 신호를 보내지 않기 때문에 수면 중 호흡이 반복적으로 멈추고 시작되는 증상)을 보인다. 꿈속에서 운동을 하면 심박수가 올라가고, 성관계를 갖는 꿈을 꾸면 호흡이 빨라진다. 꿈이라는 자각이 있더라도 그것이 꿈속 내용에 대한 신체의 반응을 감소시키지 않는다. 이 때문에 자각몽을 꾸는 사람들은 지금 꿈속에 있다는 인지와 꿈속 세계에 대한 본능적인 반응을 모두 느낄 수 있다.

그렇다면 꿈속에서 이것이 꿈임을 자각하는 순간, 꿈속 풍경이 다르게 보일까? 자각몽을 연구하는 연구진들은 이 질문에 첨단 기술이나 영상을 사용하지 않고, 안구 전위도라는 간단하지만 핵심적인 기술을 사용하여 훌륭한 답을 내놓았다.

우리가 깨어 있을 때 저 멀리서 새떼가 천천히 날아가는 것을 본다면 우리의 눈동자는 새의 비행을 자연스럽게 따라갈 것이다. 하지만 새들이 시야를 가로질러 날아가는 것을 상상할 때, 눈은 부드럽게 새들을 따라가지 못하고 '단속성 운동(안구 운동의 한 종류로 안구가 한 응시점에서 이로부터 떨어져 있는 다른 응시점으로 신속하게 이동하는 운동)'라고 불리는 불안정한 도약을 보일 것이다. 자각몽을 꾸는 사람이 꿈속에서 시야를 가로질러 날아가는 새 떼를 볼 때, 눈동자는 새떼의 비행을 매끄럽게 따라간다. 이는 꿈의 세계에 완전히 몰입하여 눈동자가 실제 새를 볼 때처럼 비행을 추적하는 것이다. 만약 자각몽이라는 인식이 꿈속의 경험을 현실이 아닌 상상으로 여기는 것이라면, 안구 움직임에서 단속성 운동이 보였을 것이다.

많은 연구가 진행되었지만 아직도 자각몽을 꾸는 이유는 여전히 밝혀지지 않았다. 한 이론에 의하면 자각몽은 깨어 있는 뇌의 의식이 렘수면 중에 유입되어 전두엽에서 특정 뇌파 패턴이 되돌아오는 하이브리드 상태를 나타낸다고 주장한다. 또 다른 이론은 자각몽이 꿈, 자유로운 딴생각, 각성을 포함하는 의식의 연속선상에 포함된다고 봤다. 적어도 현재로서는 이러한 이론들은 모두 꿈속에서 일어나는 신기하고도 경이로운 일을 개념화하는 방법론일 뿐이다.

자각몽을 유리하게 활용할 수 있을까

*

역사적으로 자각몽은 정신 수양의 수단으로 사용되어 왔으며, 종교에서는 자각몽을 깨달음과 신성한 세계로 통하는 문으로 여겨왔다. 불교에서는 티베트의 영성 수행법인 '꿈 요가dream yoga'를 통해 자각몽으로 영적 통찰력을 얻고자 한다. 실제로 꿈은 꾸는 것이 정신과 마음을 이해하는 데 많은 도움을 줄 수 있는 잠재력을 가진 것으로 여겨진다. 1,200년 된 한 가르침은 자각몽을 '큰 행복을 실현하는 방법'이라고 표현하며, 신도들에게 "꿈을 꿈으로 알고 그 심오한 의미를 꾸준히 명상하라"고 조언한다.[5]

아메리카 인디언, 호주의 선주민, 기독교 수도사들도 자각몽을 통제하는 능력을 영적 수행의 중요한 측면으로 여겼다. 그들은 자각몽 상태에서 조상, 영적 존재 또는 신을 찾을 수 있다고 생각했다.

한 흥미로운 실험에서는 자각몽을 꾸는 사람들에게 자각몽 속에서 신성한 세계에 도달할 수 있도록 "우주가 어떻게 움직이는지 보고 싶다" "신성함을 경험하고 싶다" 등의 문장을 만들고, 이를 하루 동안 반복해서 말하고 떠올리라고 요청했다. 이런 방식은 관련된 주제의 자각몽을 이끌어내는 데 성공했다. 흥미롭게도 이들이 꿈에서 경험한 신성한 존재는 깨어 있을 때의 신념과 일치했다. 신이 존재한다고 믿는 사람들은 신이 존재하는 꿈을 꾸는 경향이 있는 반면, 무신론자인 사람들은 다른 방식으로 신성을 경험했다. 한 사람은 신성한 세계가 "시계의 작동처럼 수많은 순환과 주기가 얽혀 있는 움직이는 형상, 혹은 맥동하는 빛과 그림자가 주기적으로 움직이는 패턴으로 보였다"고 보고했다.

자각몽을 통해 심오한 감동을 경험하지 못했다고 하더라도, 자각몽을 꾸면 행복감이 오래갈 수 있다. 설문조사에 따르면 자각몽을 꾸는 사람들 중 대다수가 자각몽을 꾸는 능력이 자신에게 힘을 준다고 느끼며, 자각몽을 꾼 후 기분이 더 좋아진다고 답했다. 또한 이들은 꿈이 정신 건강에 기여해 삶에 유익한 변화를 주었다고 얘기하면서, 자각몽이 삶을 변화시키는 데 필요한 기회를 잡을 수 있도록 영감을 준다고 말했다.

자각몽을 꾸는 사람들의 경험과 평가를 고려했을 때, 일종의 치유법으로 자각몽을 활용할 수 있을까? 꿈을 부분적으로 조종하는 능력이 꿈 자체의 감정적 분위기를 바꿀 수 있을까? 혹은 제멋대로 흘러가는 악몽을 스스로 재구성하는 것이 가능할까?

앞서 다룬 이미지 리허설 요법은, 반복적으로 악몽을 꾸는 사람에게 악몽의 줄거리와 꿈속 등장인물의 행동을 바꾸기 위해 낮 동안 말 그대로 악몽을 다시 쓰도록 한다. 마찬가지로 악몽을 꾸는 동안 의식이 있다면 줄거리를 바꾸고 악몽의 저주를 풀 수 있을 것이다. 바로 이것이 앨런 워슬리가 다섯 살 소년이었을 때 깨우친 방법이었다. 그가 악몽을 꾸면 곧 꿈속에서 자각 상태가 되어 "엄마!"라고 외쳤고, 그러면 잠에서 깰 수 있었다. 치료사들은 만성적으로 악몽을 꾸는 사람들에게 자각몽을 꾸는 방법을 훈련시켰고, 그 결과 이 훈련이 악몽 치료에 유용할 수 있다는 사실을 발견했다. 또한 악몽

뿐 아니라 악몽에 수반되는 불안과 우울증에도 도움이 될 수 있다.

실제로 독일의 연구자 우르줄라 보스Ursula Voss는 PTSD 환자들이 자각몽을 꾸는 방법을 배우면 여러 가지 방식으로 증상을 완화하는 데 도움이 된다는 사실을 발견했다.[6] 앞서 얘기했듯이, PTSD의 특징 중 하나는 외상성 사건을 다시 떠올리게 하는 악몽이 반복되는 것으로, 이는 PTSD 환자들이 잠에 들기를 두려워하는 하는 2차적인 부작용을 가져온다. 만약 그들이 자각몽을 통해 잠자는 동안의 생각을 통제할 수 있는 능력을 키운다면 반복되는 악몽을 끝내거나 재구성할 수 있다. 꿈속에서 피해자가 되는 대신 경찰에 신고하거나 가해자를 무장 해제시킬 수도 있다. 보스는 트라우마의 원인이 된 사람을 꿈속에서 둥둥 떠다니게 하여 지금의 꿈이 현실이 아님을 스스로 증명한 한 여성의 이야기를 들려주었다. 자각몽의 힘은 PTSD 환자들에게 잠을 두려워하지 않는 자신감을 주고, 언젠가는 트라우마를 이겨낼 수 있을 것이라는 낙관적인 생각을 갖게 해준다.

자각몽은 임상 분야에서도 적용될 수 있다. 예를 들어, 연구자들은 자각몽이 운전이나 높이, 거미 등에 대한 두려움이나 공포증에 맞서는 데 도움이 될 수 있다고 보고했다.[7] 자각몽 속에서 공포증을 겪는 이들은 단지 꿈이라는 것을 알기에 운전하거나 높은 난간에 서거나 거미가 자신의 몸 위를 기어가는 것을 안전한 환경에서 '연습'할 수 있다.

꿈속에서 어떤 행동을 할 때 활성화되는 뇌 부위는 실제로 깨어 있을 때 활성화되는 부위와 같기 때문에 자각몽은 뇌졸중을 앓았거나 심각한 부상을 입은 사람들에게 도움이 될 가능성이 있다. 그렇다면 자각몽이 고통이 없는 새로운 재활의 장소가 될 수 있지 않을까? 자각몽 속에서 주먹을 쥐었다 폈다 하면, 감각 운동 피질이 실제로 주먹을 쥐었다 펼 때와 같은 반응을 일으킨다. 이는 '스포츠 등으로 인한 부상에서 회복할 때 자각몽 속에서 연습하는 것이 도움이 될 수 있지 않을까?' 하는 궁금증으로 이어졌다.

마비나 기타 신체 장애가 있는 사람들도 꿈속에서라면 자유롭게 마음대로 움직일 수 있다. 거동이 불편하거나 심하게 제한적인 사람이 꿈속에서 자유자재로 달리거나 점프할 수 있다면 얼마나 큰 해방감을 느낄까? 이처럼 자각몽은 부분적 혼수상태에 빠진 사람이나 락트인 증후군이 있는 사람이 신체에 갇힌 정신을 해방시키는 데 사용될 수도 있다.

자각몽의 잠재력은 인지 치료에만 국한되지 않으며, 운동 능력 향상에도 활용될 수 있다. 많은 운동선수가 사용하는 훈련 방식 중에는 상상력을 십분 활용하여 다양한 경기 시나리오를 시뮬레이션하는 시각화 훈련이 있다. 자각몽은 이러한 시뮬레이션을 펼칠 또 다른 공간이 될 수 있다. 자각몽을 이용해 특히 어렵거나 힘든 루틴과 같이 잠재적으로 위험할 수 있는 운동 동작을 연습하는 것이다.

자각몽 속에서 운동 기술을 연습하는 선수들을 대상으로 한 설문조사에 따르면, 대부분 자각몽이 실제 실력 향상에 큰 도움이 되었다고 답했고, 일부는 자신감이 높아졌다고 얘기했다.[8] 한 격투기

선수는 자각몽을 통해 복잡한 발차기 기술을 숙달할 수 있었다. 꿈속에서는 아무리 위험한 기술이라도 다칠 위험 없이 연습할 수 있다. 설문조사에 참여한 다른 운동선수들은 불가능한 상황을 구현할 수 있는 꿈의 능력을 활용하여 매우 가파른 내리막길에서 산악자전거를 타거나 알파인 스키 점프를 하는 등 현실에서는 불가능한 일을 꿈속에서 해냈다.

독일 하이델베르크대학의 멜라니 섀들리히Melanie Schädlich는 자각몽 연습이 신체 능력을 향상시킬 수 있는지 검증해보기로 했다.[9] 그는 자각몽을 꾸는 사람들에게 꿈속에서 다트를 던지거나 멀리 떨어진 컵에 동전을 던져 넣도록 요청했다. 그 결과 자각몽 연습이 실제로 도움이 된다는 사실을 발견했다. 자각몽을 통해 연습한 사람들은 꿈속에서 주의가 산만해지지 않는 한 현실에서도 실력이 향상되는 것으로 나타났다. 비교적 작은 규모의 연구였지만 이는 자각몽이 운동 훈련의 새로운 지평을 열 수 있는 기회를 보여주었다. 운동선수들은 부상 걱정 없이 어려운 기술을 연습할 수 있을 뿐만 아니라 부상당한 선수들도 경기장에 복귀하기 전에 충분히 '연습'할 수 있다.

섀들리히와 다니엘 얼라처Daniel Erlacher가 자각몽을 꾸는 뮤지션들을 대상으로 진행한 또 다른 연구에서, 그들은 음악가들이 꿈을 악기 연습에 활용하지 않는다는 사실을 발견했다.[10] 뮤지션들은 자각몽을 꾸는 이유가 연주 실력을 향상시키기 위해서라기보다는 즐거움과 영감을 얻기 위해서라고 답했다. 뮤지션 다섯 명과 함께한 인터뷰를 통해 새들리히는 자각몽이 긍정적인 감정을 불러일으키고 자신감을 높여준다는 사실을 발견했다.

자각몽에서는 의식적인 통제가 가능하므로, 이 독특한 의식 상태는 일반적인 꿈을 뛰어넘어 창의력을 키울 수 있는 엄청난 가능성을 만들어낸다. 자각몽의 창의적인 잠재력을 최대한 활용하기 위해, 잠들기 전에 스스로 꿈속에서 생각할 질문을 던지는 것이 하나의 방법이다. 이는 일반적인 꿈에도 적용되는 방법이지만, 자각몽 속에서는 꿈을 스스로 통제할 수 있으니 더 효과적이다. 한 사례 연구에서 어떤 프로그래머는 자각몽이 프로그램 설계에 도움이 되었다고 보고했다. 자각몽 속에서 그는 아인슈타인Albert Einstein과 계획하던 프로그램에 대해 논의했고, 해결책을 찾을 때까지 함께 칠판에 순서도를 그렸다고 했다.[11]

이 사례 연구를 발판 삼아 리버풀 존무어스대학의 연구원들은 자각몽을 꾸는 아홉 명과 자각몽을 꾸지 않는 아홉 명이 수면 중에 과제를 얼마나 잘 해결하는지를 알아보기로 했다.[12] 이들은 열흘간 매일 밤 9시에 과제가 적힌 이메일을 받았다. 참가자들은 논리 퍼즐을 풀거나 은유를 만들라는 요청을 받았다. 예를 들어, 어떤 나열에서 누락된 글자를 찾거나 '강물에 떠 있는 지폐 한 장' 또는 '사막 속의 등대'와 같은 표현에 대한 은유를 만들라는 식의 과제였다.

연구진들은 자각몽을 꾸는 사람들에게 '많은 질문의 답을 알고 있고 기꺼이 자신을 도와줄 사람', 즉 현명한 노인이나 신뢰할 수 있는 안내자가 나타날 것이라고 생각하게 했고, 자각몽을 꾸는 참가자들은 꿈속에서 이 인물을 찾으라는 요청을 받았다. 현자를 찾지 못하면, 직진해서 왼쪽으로 돌아가면 있는 문을 찾아 통과한 후 오른쪽으로 돌라는 등의 구체적인 지시를 받았다. 이러한 세세한 지침은 자각몽을 꾸는 사람들이 현자를 찾을 수 있을 것이라는 기대감을 높이기 위해 고안되었다. 피험자들은 이 꿈속의 현자에게 주어진 문제를 해결하도록 요청하여 그에게서 어떤 답이 주어지든 이 현자에게 감사를 표하고 잠에서 깨어나 그 답을 적으라는 지시를 받았다.

결과적으로 보면, 자각몽 속의 현자는 이러한 퍼즐에 익숙하지 않은 것 같았다. 연구 기간 동안 그들이 제시한 열한 개의 대답 중 정답은 단 하나뿐이었기 때문이다. 자각몽에서는 수행 네트워크가 부분적으로만 활성화되기 때문에, 현자가 있든 없든 자각몽 속에서 풀기에는 퍼즐이 너무 어려웠을 가능성이 높다.

만약 연구에서 제시한 문제가 단어 문제가 아니라 시각적인 문제였다면 이 상상 속 현자가 더 활약했을지도 모른다. 예를 들어, 헌의 실험 대상이었던 워슬리는 자각몽 속에서 꿈의 시각적 환경을 조작하는 새로운 방법을 찾는 일련의 실험을 수행했다. 한 실험에서 그는 꿈속에서 텔레비전을 찾아서 켜고 채널을 바꾸고 음량, 색의 강도 또는 화면의 이미지 등을 조작했다. 또한 워슬리는 자각몽 속에서 피아노를 치고, 벽을 통과하고, 라이터처럼 손가락을 튕겨서 불꽃을 만들고, 자동차 앞유리에 팔을 넣기도 했다고 말한다. 심지어 한쪽 팔을 반대쪽으로 통과시키기도 하고, 코와 혀를 부드럽게 당겨서 길쭉하게 만들기도 했다.

영국의 예술가 데이브 그린Dave Green은 자각몽에서 사람들의 초상화를 그리고 잠에서 깨자마자 그 초상화를 재현하는 작업을 한다. 그린은 자각몽을 연습하고 있지만, 꿈속에서 예술 작품을 만드는 데는 어려움이 있다고 말한다. 꿈속의 모든 것은 유동적인 상태이기 때문에 그림의 대상이 순식간에 다른 모습으로 변할 수 있기 때문이다. 그는 이 과정을 '내 의식과 무의식 사이의 상호작용이 실시간으로 종이 위에 그려지는 것'이라고 설명한다.[11]

워슬리 역시 자각몽을 꾸는 데 능숙한 사람이라도 자각몽은 아주 미약한 상태라고 말한다. 그는 자신의 자각 상태가 시시각각 변할 수 있기 때문에 같은 꿈속에서라도 자각 상태일 수도 자각 상태가 아닐 수도 있다고 얘기했다.

자각몽의 새로운 지평

✳

꿈을 꾸는 사람이 자각몽이 시작될 때 보내는 안구 운동 신호 외에는, 연구자들이 자각몽 속에서 어떤 일이 일어나고 있는지 알 수 있는 객관적인 증거는 없다. 또한 자각몽이 끝나는 순간 신호를 보내는 것도 불가능하다. 자각몽의 취약성은 혼재적이고 섬세한 의식 상태라는 자각몽의 본질에 기인하는 것으로 보인다.

자각몽의 일시성과 같은 한계에도, 연구자들은 누구도 가능할 것이라고 생각지도 못했던 새롭고 창의적인 방법으로 자각몽을 연구할 방법을 찾아냈다. 연구진은 주로 자각몽 경험이 없는 학생들을 대상으로 잠자는 동안 바깥의 깜박이는 불빛에 반응하여 좌-우-좌-우 안구 운동 신호를 보내도록 훈련할 수 있었다. 이 연습을 통해 일부 참가자는 꿈속에서 미리 정해진 과제를 시작하거나 끝낼 때 연습했던 눈동자의 움직임을 타임 스탬프처럼 사용할 수 있게 되었다. 그 자체로도 이미 놀라운 성과다.

무엇보다 경이로운 것은 연구자의 질문이나 지시에 꿈을 꾸는 실험 참가자가 응답하는 양방향 소통이 가능하게 되었다는 점이다. 참가자들은 렘수면 상태를 유지한 채로 외부의 말이나 신호를 처리할 수 있었다. 불과 몇 년 전만 해도 이는 말도 안되는 일이었다.

실험 참가자들은 렘수면으로 몸이 마비된 상태에서 꿈을 꾸면서도 연구자들의 '예/아니요' 질문에 대답하기도 했다. 한 연구에서 "스페인어를 할 줄 아세요?"라는 질문에 자각몽을 꾸고 있는 실험 참가자가 눈동자를 움직여 대답했다. 이 사람은 나중에 자신이 하우스 파티에 있는 꿈을 꾸고 있는데 연구진의 질문이 마치 영화 속의 내레이션처럼 외부에서 들려오는 것 같았다고 보고했다.

이것이 어떻게 가능한지는 아직 확실하지 않지만, 이 현상의 신경생물학적 원인에 대한 잠재적인 실마리가 될 수 있는 학술 문헌의 보고가 있다. 한 사례 연구에 따르면 시상에서 뇌졸중이 발생한 26세 여성과 37세 남성은, 뇌졸중 이후 자각몽을 자주 꾸기 시작했다. 두 환자 모두 자각몽은 약 한 달 동안 지속되다가 뇌가 회복되면서 점차 줄어들었다. 이 두 환자의 자각몽은 뇌에 내장된 각성 메커니즘이 오작동을 일으켜 발생한 것이었을까?

우리가 잠을 잘 때는 주변 세상과 완전히 단절되어 있지 않다고 얘기한 것을 기억할 것이다. 우리 몸은 시상의 투사와 중계라는 과정을 통해 위험이나 이상을 알리는 소리를 감지할 수 있다. 소음이나 기타 감각 정보가 위험 신호로 간주되면 시상에서 전두엽으로 정보를 전달하여 잠자는 사람을 각성시켜 잠에서 깨운다.

아마도 자각몽을 꾸는 건강한 사람의 시상에서도 비슷한 일이 일어나고 있을 수 있다. 꿈을 꾸는 동안 일반적으로 걸러지는 빛, 소리, 목소리가 시상을 통과하여 꿈의 배경으로 나타나거나 들리는 것이다. 자각몽을 꾸는 사람들이 연구자들의 질문을 마치 벽을 뚫고 들려오는 것과 같이 비현실적인 방식으로 꿈속에서 들을 수 있는 이유도 바로 이 때문일 것이다.

노스웨스턴대학교의 인지신경과학 프로그램 박사과정에 재학 중인 캐런 콘콜리Karen Konkoly는 자각몽을 꾸는 사람들이 꿈을 꾸는 동안 간단한 수학 문제를 푸는 놀라운 실험을 했다.[14] 자각몽을 꾸는 사람들에게 꿈에서 수학 문제를 풀게 될 것이라고 미리 알려주고, 연구자들에게 꿈속에서 답을 알리는 방법을 가르쳤다. 눈을 왼쪽에서 오른쪽으로 한 번 움직이면 1이고, 눈을 좌우로 두 번 움직이면 2가 되는 식이었다.

한 실험 참가자에게는 '2+1'이라는 문제가 주어졌다. 그는 당시 자각몽 속에서 집을 보고 있었다고 말했다. 그는 이 질문을 현관문

위의 번호판에 대입하고 눈을 세 번 앞뒤로 움직여 '3'이라는 신호를 보냈다.

꿈속에서는 깨어 있는 동안의 논리 체계와 똑같지 않기 때문에 자각을 한다고 하더라도 질문을 하는 목소리가 어디에서 나오는지 의심하지 않는다. 천장에서 들릴 수도 있고, 자동차의 라디오를 통해 들릴 수도 있다. 한 참가자는 자신이 수학 수업을 듣고 있는 꿈을 꾸었다고 했다.

그러나 연구자와 자각몽을 꾸는 사람 사이의 양방향 의사소통은 완벽하지 않다. 콘콜리의 연구팀은 서른한 개의 수학 문제 중 여섯 개의 정답만 받아낼 수 있었고, 한 개의 오답과 다섯 개의 모호한 응답도 있었다. 그리고 대부분은 전혀 응답하지 않았다. 하지만 이만해도 이전에는 한 번도 달성된 적이 없었고 최근까지도 가능하다고 생각되지 않았던 수준의 의사소통이다.

꿈을 꾸는 동안 우리의 정신이 수학적 계산을 할 수 없다는 것을 기억한다면, 자각몽을 꾸는 사람이 어떻게 수면 실험에서 수학 문제를 풀 수 있었는지 궁금할 것이다. 참가자들이 꿈을 꾸는 중에 수학 문제를 풀 수 있었다는 사실은 그 자체로 자각몽 중에 수행 네트워크가 간단한 계산을 할 수 있을 정도로 활성화되어 있다는 강력한 증거다. 이 수행 네트워크의 활성 정도는 꿈꾸는 사람이 자신이 꿈을 꾸고 있다는 것을 인식할 정도의 자각과 비판적 사고를 제공할 수도 있다. 이러한 놀라운 연구 결과는 자각몽에 대하여 어쩌면 유일한 결론을 의미할 수 있다. 바로, 자각몽은 깨어 있는 정신과 꿈을 꾸는 정신의 진정한 하이브리드라는 독특한 형태의 인식 상태라는 것이다.

자각몽을 꾸는 사람들이 수학 문제를 성공적으로 풀 수 있다면, 또 어떤 것들을 할 수 있을까? 언젠가는 자각몽 속에서 일어나는 대화를 듣게 될 수 있을까? 믿기 어렵겠지만, 이 역시 곧 실현될 수 있을지도 모른다.

한 연구팀은 객관적으로 측정할 수 있는 방식으로 자각몽을 꾸는 사람이 꿈속에서 "사랑해"라고 말할 수 있는지 알아보기로 했다.[15] 이전 연구들에 따르면 이는 불가능한 것이었다. 설령 자각몽에서 이 단어를 말했다고 해도, 자각몽을 꾸고 있는 사람이 어떻게 좌-우-좌-우 안구 운동 이상으로 주어진 과제를 수행했다는 신호를 보낼 수 있을까? 단어 자체를 어떻게 측정할 것인가?

피험자들의 자각몽 속에서 무슨 일이 일어나고 있는지 알아내기 위해 연구진은 먼저 이들이 깨어 있을 때 "사랑해"라고 말할 때 일어나는 눈 주위의 미세한 얼굴 움직임을 기록했다. 이 근육은 꿈을 꾸는 동안 마비되지 않는 몇 안 되는 근육 중 하나로, 참가자들이 깨어 있을 때 측정한 근육의 움직임은 이 연구에서 일종의 생리적 신호로 작용했다. 연구진은 이 데이터를 확보한 후 이들이 잠을 자는 동안 눈 주위 근육 움직임을 기록했다. 네 명의 지원자 모두 자각몽 속에서 "사랑해"라고 말할 수 있었고, 그들이 꿈속에서 말한 단어는 눈 주위 미세한 근육의 움직임으로 기록되었다.

이 결과는 자각몽이 연구자들의 질문에 응답하는 것에 국한되지 않는다는 것을 보여주었다. 실험 참가자들은 잠재적으로 스스로 꿈 속에서 의사소통을 시작할 수 있었다. 이들은 처음으로 꿈의 세계에서 외부 세계로 음성 언어를 사용하여 의사소통을 한 사례이며, 신경과학의 새로운 지평을 열었다.

과학계는 짧은 시간 동안 자각몽을 이해하고자 아주 먼 길을 돌아왔다. 오랫동안 신비주의자와 괴짜들의 영역으로 치부됐던 자각몽은 이제 진지하게 연구할 가치가 있는 새로운 형태의 의식으로 받아들여지고 있다. 자각몽에 대한 회의론이 흥분으로 바뀌면서, 꿈을 꾸는 정신과 상호작용할 수 있는 새로운 방법을 찾는 기발한 실험들이 진행되고 있으며, 그 과정에서 꿈과 자각몽의 새로운 측면이 드러나고 있다. 게다가 자각몽은 수면 연구소에서만 구현할 수 있는 것이 아니라, 모두의 손에 닿을 만큼 가까운 존재가 되었다.

꿈의 활용법

자각몽을 꾸는 법

자각몽, 그 매력적인 경험을 스스로 조절할 수 있다면 어떨까? 꿈속을 지휘하는 주인공이 되어 문제를 해결하는 방법을 모색하고, 현실에서는 두려운 일들을 척척 시도해볼 수 있는 자각몽의 세상으로 가는 문을 함께 열어보자.

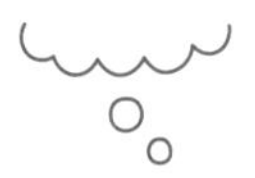

레옹 데르베 드 생드니Léon d'Hervey de Saint-Denys는 열세 살 때부터 자신의 꿈을 기록하기 시작했다. 총 1,946의 밤을 보내며 적은 상세한 꿈 보고서는 총 스물두 권에 달한다. 초기 생드니의 꿈 회상은 산발적이었지만 기록이 계속될수록 더 많은 내용을 기억하게 되었다. 179번째 밤 이후 그는 거의 매일 밤의 꿈을 기억할 수 있었다. 그로부터 얼마 지나지 않아 생드니는 처음으로 자각몽을 꾼다.

19세기 중반이었던 당시에는 자각몽을 꾼다는 것은 불가능하다고 여겨졌다. 자각몽이라는 용어조차 그때로부터 반세기가 지날 때까지 존재하지 않았다. 하지만 이때쯤, 생드니는 5일 중 이틀은 자각몽을 꿨다. 그리고 1년 후, 그는 4일 중 사흘은 자각몽을 경험했다.

생드니는 자각몽을 자주 꾸는 것뿐 아니라 점차 스스로 자각몽을 조절하는 방법을 터득했다. 자신의 경험을 통해 꿈이 초자연적이거나 외부적인 힘의 산물이 아니라 꿈꾸는 사람의 기억이 만들어내는 것이라는 자신만의 이론을 개발해 이를 시험해보기도 했다. 그는 자각몽 속에서 주변 환경을 관찰한 후 일상생활과 비교하기도 했고, 깨어 있을 때는 경험하지 못할 일을 해볼 수 있는지 알아보고자 했다. 이를 위해 그는 자각몽 속에서 마법의 검으로 복면을 쓴 공격자들과 싸우고 창문에서 뛰어내린 후 면도칼로 자신의 목을 베기도 했다.

1867년, 생드니는 수면과 꿈에 관한 치열한 연구를 통해 알아낸 것을 익명으로 공유하기로 했다. 그렇게 그는 자각몽에 대한 책, 『꿈, 그리고 꿈을 유도하는 방법에 대하여: 실제적 관찰Les Rêves et les Moyen de les Diriger: Observations Pratique』을 저술했다.

20세기에는 메리 아놀드 포스터라는 영국 여성이 생드니의 발자취를 따랐다. 그의 저서 『꿈의 연구Studies in Dreams』에서 설명했듯이 그는 자각몽을 유도하기 위해, 잠들기 전 오늘 밤 꾸게 될 꿈에서 각성할 수 있다고 스스로에게 말하는 '자기 암시 기법'을 사용했다. 이 자기 암시를 통해 아놀드 포스터는 자각몽을 잘 꿀 수 있게 되었다. 그는 특히 꿈속에서 발로 땅을 살짝 밀어 점프하여 날아다니는 것을 즐겼다고 한다.

실제로 오직 성인 다섯 명 중 한 명만이 한 달에 한 번 정도 자각몽을 꾼다고 보고하며, 일주일에 여러 번 자각몽을 자주 꾸는 사람의 비율은 한 자릿수로 매우 적다. 그러나 자각몽을 꾸는 능력은 의도를 가지고 꾸준히 훈련하면 충분히 개발할 수 있는 것으로 보인다.

또한 생활 습관과 취미도 자각몽을 경험하는 빈도에 영향을 미칠 수 있는 것으로 보인다. 예를 들어, 비디오 게임을 하는 사람은 그렇지 않은 사람보다 자각몽을 더 많이 꾸는 경향이 있다. 아마도 자각몽과 비디오 게임 모두 가상적인 현실을 통제한다는 공통점이 있기 때문인 것으로 보인다. 게임을 하는 동안 공간지각 능력이 높아져 자각몽을 이끌어낸 것일 수도 있다. 또한, 공간지각 능력이 고도로 발달한 운동선수들도 자각몽을 꿀 가능성이 더 높다. 독일의 프로 운동선수들을 대상으로 한 연구에 따르면 이들은 자각몽을 경험할 가능성이 다른 사람들보다 두 배나 높았다.[1] 더욱 인상적인 것은 이들 대부분이 자각몽을 꾸기 위해 특별한 노력을 기울이지 않았는데도 저절로 일어났다는 점이다.

내 진료실에서 인지 기능 저하, 뇌 손상 또는 뇌 수술 후 회복기에 있는 환자에게 특정 약물을 투여한 결과, 특히 신경전달물질인 아세틸콜린acetylcholine(기억을 조절하거나 근육의 수축을 유도하는 신경전달물질의 하나)을 조절하는 약물이 꿈과 자각몽을 모두 증가시키는 경향을 보이기도 했다. 신경화학적 측면에 대해서는 나중에 자세히 알아보기로 하고, 먼저 약물 없이 자각몽을 유도하는 방법부터 살펴보자.

자각몽을 꿀 수 있을까

*

생드니처럼 자각몽을 연구하는 연구자들은 실험 참가자들이 자각몽을 꿀 확률을 높이는 방법을 찾는 데 많은 시간을 투자해왔다. 여기에는 연구자들의 현실적인 이유도 영향을 미쳤는데, 바로 실험 참가자가 자각몽을 경험하지 못하는 밤마다 자신들의 시간과 자원의 낭비가 되기 때문이었다. 이러한 이유에서 연구진은 자각몽을 유도하는 몇 가지 방법을 고안해냈다. 여기에는 당신의 마음, 그리고 사용하는 방법에 따라 알람시계만이 필요할 뿐, 그 외에는 아무 준비물도 필요 없다. 지금부터 소개하는 방법들은 수면과 자각의 하이브리드 상태인 자각몽의 두 가지 필수적인 측면에 초점을 맞추고 있다. 첫 번째는 잠을 자는 사람이 렘수면 상태여야 한다는 것이다. 따라서 자각몽을 유도하는 몇 가지 방법들은 가능한 한 각성 상태에 가까운 렘수면의 발생 확률을 높이는 것들이다. 자각몽 훈련의 두 번째 필수 요소는 현재 경험하고 있는 것이 꿈이라는 자각이다. 연구자들이 자각몽을 유도하기 위해 사용하는 몇 가지 방법을 살펴보자.

현실감 테스트와 토템 찾기

가장 간단한 방법은 현실감 테스트로, 이는 자각몽의 근본적인 측면인 '깨어 있는 상태와 꿈꾸는 상태의 차이를 구분하는 능력'에 기반을 두고 있다. 예를 들어, 자각몽을 꾸는 사람들은 꿈에서 오래전에 세상을 떠난 친척을 보거나, 이제는 존재하지 않는 집에 있거나, 현실에서는 불가능한 장면을 보았을 때 그것이 꿈이라는 것을 알아차렸다고 말한다.

현실감 테스트는 하루 종일 습관처럼 '내가 깨어 있나, 아니면 꿈을 꾸고 있나?'라고 생각해봄으로써 수면과 각성 상태에 대한 인식 능력을 높이려고 시도하는 방법이다.

그런데 꿈을 꾸고 있는지 스스로 물어본 결과 대답이 '예'인 것 같을 때, 이를 어떻게 확신할 수 있을까? 어쩌면 꿈속의 꿈을 꾸고 있는 것일 수도 있고, 잠에서 깨어난 직후 각성 상태와 수면 상태 사이의 모호한 정신 공간에 있는 것일 수도 있는데 말이다. 이때 필요한 것이 영화 〈인셉션〉에 등장하는 토템totem이라는 물체다. 이는 현실과 꿈을 구분하는 데 사용되는데, 현실에는 영화와 같은 토템이 없지만 자각몽을 꾸는 사람들은 꿈속인지 알 수 있는 자신만의 토템을 찾아내곤 한다. 이뿐 아니라 꿈이 현실을 재현할 때 어려워하는 지점이 몇 가지가 있는데, 이를 통해서도 꿈속임을 알아챌 수 있다.

그건 바로 손가락이다. 자각몽을 꾸고 있다 싶으면 자신의 손을 한번 살펴보라. 어떤 이유에서인지 꿈에서는 손이 이상하게 보인다. 손가락을 세어보면 그 수가 너무 많거나 적고, 손가락의 수가 매번 바뀌기도 한다. 자각몽을 꾸는 사람들은 손가락을 셀 때마다 그 수가 다르거나, 손이 마치 뼈가 없는 고무처럼 보이거나, 손가락이 자라나는 것처럼 보인다고 말한다. 이런 기이한 현상은 전 세계 여러 문화권에서 자각몽을 꾸는 사람들이 공통적으로 보고한 바 있다.

왜 꿈은 손을 재현해내는 데 어려움을 겪는 걸까? 확실히 손은 정교하고 복잡한 해부학적 구조를 가졌다. 손가락은 독립적으로 움직일 수 있으며, 무언가를 쥐는 것은 사실 아주 복잡한 과정이다. 또한 손은 거울처럼 서로 좌우 상반되어 있다. 이러한 좌우 상반 형태는 자연에서 흔히 볼 수 있지만, 두 손을 시각적으로 정확하게 재현하기는 쉽지 않다.

꿈에서는 모방할 대상을 눈앞에 두고 있지 않다. 따라서 꿈은 기억에 의존해서 현실을 재현할 수밖에 없는 가상의 공간이다. 다만 꿈이 보여주는 이미지가 너무나도 현실적이기 때문에 우리는 종종 꿈이 뇌의 시청각 중추에서 만들어지는 특수 효과라는 사실을 쉽게 잊어버린다. 하지만 기억하자. 꿈은 현실의 모든 것을 똑같이 반영할 수 없다. 손은 그중에서도 가장 잘 알려진 단적인 예일뿐, 그 외에도 꿈속에서 재현되기 어려운 물체들은 많다.

이렇게 꿈이 현실을 완벽하게 재현해내지 못하는 부분들이 바로 자각몽을 확인하는 토템이 되어줄 수 있다. 자각몽의 전문가들은 꿈속의 단단한 물체를 눌러서 손이 통과하는지 확인하거나, 거울에 비친 자신의 모습이 정상적으로 보이는지 확인해보라고 얘기한다.

또 다른 단서는 시계에서 찾을 수 있다. 꿈에서는 시계가 꺼져 있는 것처럼 보이기도 하고, 디지털시계에는 숫자가 없거나, 읽을 수 없는 해괴한 모양으로 변해 있을 수도 있다. 손으로 조절하는 아날로그시계나 손목시계도 기괴한 방식으로 움직이거나 변하기도 한다.

WILD 기법: 각성 상태에서 자각몽 유도하기

자각몽을 유도하기 위한 두 번째 기법은 각성 상태에서 자각몽을 유도하는 기법Wake-Initiated Lucid Dreaming으로, 줄여서 WILD라고도 불린다. WILD 기법은 각성 상태에서 곧바로 자각몽으로 넘어가기 위해 고안된 기법으로, 초보자들에게는 조금 어려울 수 있다. 이 기법은 낮잠을 자거나 밤에 잠자리에 들 때, 혹은 자다 깬 후 다시 잠들 때 사용할 수 있다.

WILD 기법을 쓰기 위해서는 일단 긴장을 풀고 수면 진입 상태가 될 때까지 가만히 누워 천천히 심호흡한다. 꿈과 창의성에 관한 장에서 배웠듯이, 이 상태는 잠들기 직전에 마음이 자유롭게 방황하는 상태다. 수면 진입 상태가 되면 몸이 서서히 잠들어도 정신은 깨어 있도록 노력해보자. 잠이 들 때 정신적으로 경계 태세를 유지하기 위해 "나는 자각몽을 꿀 것이다" 또는 "나는 꿈속에서 깨어날 것이다"와 같은 문구를 중얼거리며 정신을 가다듬는 것도 좋은 방법이다.

또 다른 접근법은 잠들기 전에 숫자를 세는 것이다. "하나, 나는 꿈을 꾸고 있다. 둘, 나는 꿈을 꾸고 있다"라는 식으로 말이다.

WILD 기법의 지지자들은 잠이 들 때 느린 들숨과 날숨의 호흡이나, 환각 속의 이미지 또는 신체 여러 부위의 감각에 집중하는 것도 도움이 된다고 얘기한다.

티베트 불교의 요가, 니드라nidra 수행법은 수 세기 동안 WILD 기법을 사용해왔다. 수련자는 송장 자세로도 불리는 '사바아사나 자세'로 누운 다음, 신체의 각 부위를 순서대로 이완하면서 차례대로 각 부위의 감각에 주의를 집중시킨다. 잠이 들면서 호흡을 시각화하며 정신이 명료해질 때까지 정신적인 인식 상태를 유지한다. 꿈속 자각을 통해 신성을 경험하는 것을 목표로 명상을 계속한다.

WILD 기법은 본질적으로 일반적인 자각몽과는 정반대다. 원래 자각몽에서는 꿈을 꾸고 있는 와중에 자신이 꿈속에 있다는 것을 문득 깨닫게 된다. 다시 말해, 꿈이 먼저 나타난 다음 자각을 하게 되는 것이다. 그에 반해 WILD 기법은 자각 상태를 유지하면서 꿈속으로 빠지려고 하는 방법이다.

한 실험에 따르면, 실험 참가자가 평소보다 두 시간 일찍 일어난 다음, 평소 일어나는 시간 혹은 그보다 두 시간이 지났을 때 다시 잠을 청하면 WILD 기법이 특히 잘 작동하는 것으로 나타났다.

이 방법과 여러 자각몽 유도 기법의 타이밍은 90분 동안 지속되는 일반적인 수면 주기에 맞춰져 있으며, 렘수면 직전에 수면에 개입하도록 설계되어 있다. 렘수면은 밤의 초반에는 약 10분 정도로 짧고 밤이 깊어질수록 길어지며, 마지막 단계에서는 최대 한 시간까지 지속된다. 바로 이때가 자각몽을 꿀 가장 좋은 기회다.

1장에서 렘수면이 부족한 사람은 곧바로 렘수면으로 돌입한다고 한 것을 기억하는가? 이 사실을 이용한 기법이 바로 WILD다. 수면이 거의 끝날 때쯤 찾아오는 가장 긴 렘수면 단계를 건너뛰면, 우리의 뇌는 다음에 잠을 잘 때 곧바로 렘수면 단계로 넘어가려고 한다. 이러한 현상을 렘수면 반동REM rebound이라고 하는데, 자각몽은 보통 렘수면 중에 일어나기 때문에 마지막 렘수면 단계 직전에 잠에서 깨면, 그만큼 렘수면의 확률이 높아져 WILD 기법을 통해 자각몽을 꿀 확률이 높아진다.

MILD 기법: 자기 암시를 통해 자각몽 유도하기

연구자들이 개발한 세 번째 기법은 '암시'를 활용한 자각몽 유도 기법Mnemonic Induction of Lucid Dreams으로, MILD라고도 한다. 이 기법은 수면 중단과 자각몽을 꾸려는 의도에 관한 자기 암시를 결합한 것이다. MILD 기법에서는 다섯 시간의 수면을 취한 뒤 깨어나 다시 잠들기 전에 "이번에 꿈을 꾸면 나는 꿈을 꾸고 있다는 것을 알아챌 거야" 등 자각몽에 관한 명확한 의도를 드러내는 문구를 반복적으로 말한다. 자각몽을 꾸는 자신의 모습을 시각화할 수도 있다.

MILD 기법으로 자각몽을 꿀지 아닐지를 예측할 수 있는 가장 강력한 지표는 자기 암시를 한 후 얼마나 빨리 다시 잠이 드는 가다. 한 연구에서는 5분 이내에 다시 잠든 참가자의 거의 절반이 자각몽을 경험했다고 한다. 잠에 빠지는 시간이 왜 중요한지는 명확하지 않지만, 빠르게 잠이 들수록 곧장 렘수면으로 돌아가는 것으로 보인다.

이 방법은 잠자리에 들기 전에 자신의 의도를 소리 내어 말하거나 글로 적음으로써 특정 문제나 사람, 또는 주제에 집중해 꿈을 준비하는 방식이다. 단순히 의도를 말로 표현하는 것이 자각몽에 영향을 미친다는 사실이 이해되지 않는다면, 꿈을 꾸는 사람이 바로 '나'라는 사실을 기억하라. 내가 만들어내는 꿈에 스스로 영향을 끼치지 못할 이유가 있을까?

앞서 언급한 영국의 예술가 데이브 그린은 잠자리에 들기 전에 자각몽 속에서 그림을 그리기 위한 자신만의 의식을 진행하며 차분히 마음의 준비를 한다. 잠자리에 들기 전 20~30분 동안 명상을 하거나 방을 돌아다니며 꿈속에서 하고자 하는 행동을 미리 연습하기도 한다. 자신의 기법을 설명하는 동영상에서 그린은 침대 옆에 펜과 종이를 놓고 자각몽의 목표를 적는다고 말한다. 그는 이러한 의식이 꿈에서 자신이 계획하던 일에 집중하는 데 도움이 된다고 한다.

'각성 후 재취침Wake Back to Bed' 혹은 WBTB라고 불리는 기법은 종종 MILD 기법과 함께 활용된다. 이는 잠이 든 뒤 다섯 시간 후에 일어나 30분에서 120분 동안 깨어 있다가 다시 잠자리에 드는 방식으로, 이렇게 수면이 도중에 중단되는 경우 다시 잠이 들었을 때 렘수면 단계로 바로 들어갈 가능성이 높아진다.

SSILD 기법: 감각으로 유도하는 자각몽

SSILD로도 불리는, '감각'으로 자각몽을 유도하는 기법Senses Initiated Lucid Dream은 최초로 크라우드소싱(기업활동의 일부 과정에 소비자 또는 대중이 참여할 수 있도록 개방하여 그 수익을 참여자와 공유하는 방법)이 활용된 자각몽 기법이다. 이는 중국의 자각몽 포럼에서 '코스믹 아이론Cosmic Iron'이라는 활동명을 사용하는 블로거가 소개한 방법으로 과학 문헌에서 그의 이름이 게리 장Gary Zhang으로 밝혀졌다.[2] 그가 처음 이 기법에 붙인 이름은 '太玄功'로, 문자 그대로 번역하면 '아주 신비한 기술'이라는 뜻이다. 이후 그는 다른 자각몽 유도 방법의 명명 규칙과 일치하도록 '감각 유도 자각몽'이라고 바꿔 불렀다. 장의 목표는 어떤 종류의 시각화나 창의력도 필요하지 않은, 그의 표현을 빌리자면 '바보라도 익힐 수 있는' 자각몽 기법을 만드는 것이었다.

방법은 이렇다. 먼저 4~5시간 후로 알람을 설정해놓고 잠에 든다. 알람이 울리면, 침대에서 나와 화장실에 가거나 걸어다니되, 의식이 완전히 깰 정도로 자극이 되는 행동은 하지 않는다. 잠자리에 돌아온 후에는 편안한 자세로 누워 차례대로 몸의 여러 감각을 느낀다. 먼저 시각에 집중해서 감은 눈꺼풀 뒤의 어둠으로 주의를 돌린다. 그런 다음 주변에 들을 수 있는 소리가 많지 않더라도 청각에 집중한다. 이 기법에 익숙한 사람들은 적극적으로 들으려고 하지 않고 명상하듯 수동적으로 들리는 소리를 듣는다고 얘기한다. 마지막으로 촉각에 집중한다. 침대에 누워 있는 상태에서 몸에 어떤 감촉이 느껴지는가? 매트리스에 몸이 닿는 느낌. 시트나 담요. 지금 자신이 무엇을 느끼고 있는지 수동적으로 관찰한다. 이 기술의 핵심은 너무 필사적으로 노력하지 않는 것이다.

워밍업으로 이 감각 순환을 서너 번 빠르게 수행한 다음, 다시금 천천히 서너 번 정도 반복해보라. 단계마다 30초 이상 시간을 들이고, 마음이 산만해지면 감각 순환의 시작 부분으로 돌아가라. 이 과정이 끝나면 가장 편안한 수면 자세로 돌아가 가능한 한 빨리 잠들도록 해보라.

대중이 발명해낸 이 방법이 얼마나 효과가 있는지 다른 기법과 비교한 연구에서 SSILD가 수면 연구실에서 고안된 다른 수면 유도 기법과 마찬가지로 효과적이라는 사실을 발견했다. 한 연구에서는 SSILD를 시도한 첫 주 동안 여섯 명 중 한 명이 자각몽을 경험할 수 있었으며, 이는 매우 희망적인 결과로 간주되었다. 흥미롭게도 이 기술을 사용하면 꿈을 꾸는 사람은 꿈에서 깨어났다고 생각하지만 여전히 꿈을 꾸는 상태인 '거짓 각성'이 흔히 발생하는 것으로 나타났다.

그렇다면 SSILD는 어떻게 작동하는 것일까? 시각, 청각, 촉각에 주의를 집중한다고 어떻게 자각몽을 꾸게 되는 걸까? 자각몽에 관한 다른 많은 의문과 마찬가지로 그 답은 명확하지 않다. 아마도 잠이 들면서 감각을 순환시키면 수행 네트워크의 활동이 활발해지기 때문일 수 있다. 수행 네트워크는 일반 꿈에서는 휴면 상태이지만 자각몽을 꾸는 동안은 조금씩 활동한다. 잠들기 전 수행 네트워크를 강화함으로써 자각몽을 꾸는 데 필요한 자기 인식이 가능한 것이다.

또 다른 가설은 시각, 청각, 촉각에 주의를 기울이는 것이 일종의 현실감 테스트의 기능을 하여 잠을 자는 사람에게 꿈속 세상에 들어왔음을 알려주는 역할을 할 수 있다는 것이다.

복합적 유도 기법

크리스토퍼 아펠Kristoffer Appel이 이끄는 독일의 연구팀은 수면 실험실에서 이틀 밤 동안 초심자들도 자각몽을 꾸게 하는 데 성공했다.[3] 자각몽을 꾼 사실은 꿈에서 깨어나 보고한 것이 아닌, 좌-우-좌-우 안구 운동 신호로 확인했다. 꿈속에서 자각몽의 신호를 보내어 확인한 이 방식의 자각몽 성공률은 경이로운 수준이다.

이 연구는 다음과 같이 진행되었다. 피험자들이 다섯 시간 반에서 여섯 시간 동안 수면을 취한 후 렘수면이 시작되면 15분 후에 깨웠다. 이는 참가자들이 방금 꾼 꿈을 기억할 확률을 높이고 다시 잠들었을 때 렘수면을 재개할 확률을 높이기 위해 고안된 방법이다.

참가자들은 한 시간 가량 깨어 있는 동안 침대에 누워 방금 꾼 꿈에 대한 꿈 보고서를 작성했다. 그런 다음 소파에 앉아 꿈 보고서 안에 소위 '꿈의 신호'를 적었다. 꿈의 신호는 앞서 설명했듯, 일상에서는 믿기 어렵거나 실현 불가능한 꿈속의 현상을 말한다.

그런 다음 참가자들은 꿈의 신호를 분류해야 했다. 그 현상을 왜 꿈의 신호로 생각했는가? 그 행동이 일어날 가능성이 낮거나 불가능했기 때문인가? 형태 혹은 맥락 때문인가? 이런 기준들로 꿈의 신호를 분류하는 데는 약 30~45분 정도 걸렸다. 이 아이디어는 참가자들이 꿈을 알아차리는 신호의 특징에 주목하여 자각을 촉발하는 통찰력을 가지도록 하기 위함이었다. 물론 궁극적인 목표는 꿈과 현실에 대한 이러한 주의력이 다음에 다시 잠들 때에도 이어지도록 하는 것이었다.

연구자들도 실험 참가자들이 다시 잠에 들기 전에 직전에 꾼 꿈을 회상하도록 했고, 그 과정에서 꿈의 신호를 발견하면 그때마다 자신이 꿈속에 있다는 사실을 알아채는 상상을 하도록 주문했다. 마지막으로 "다음에 꿈을 꿀 때는 잊지 않고 꿈속에서 깨어날 것이다"라는 문구를 반복하며 마음의 준비를 할 것을 요청했다. 요청했다. 참가자들은 다시 잠자리에 들었고, 잠에서 깨어난 지 정확히 60분이 지난 후 불이 꺼졌다. 참가자들은 잠이 들 때까지 이 자기 암시 문구를 계속 연습했다.

연구 첫날밤, 스무 명의 참가자 중 다섯 명이 자각몽을 경험하고 좌-우-좌-우 안구 신호를 보냈다. 다음 날 밤, 나머지 열다섯 명의 참가자 중 다섯 명이 자각몽을 꾸었다. 참가자들은 모두 자각몽을 꿔본 적 없는 초심자였다는 점을 생각하면 이 기법은 상당히 높은 성공률을 보였다. 이 연구 기법은 매우 정교하지만 대부분 집에서도 재현할 수 있을 정도로 쉬웠다.

자각몽을 유도하는 데 꼭 이렇게까지 정교한 과정이 필요할까? 생드니는 자각몽을 꾸기 위해 이렇게 복잡한 단계별 과정을 거치지 않았는데 말이다. 하지만 그의 방법을 잘 살펴보면, 그는 이 기법들과 동일한 요소를 많이 수행했음을 알 수 있다. 그는 자신의 꿈을 기록했고, 꿈의 어떤 부분이 현실과 동일한지, 어떤 부분이 꿈에서만 일어날 수 있는지 고민했다. 그 과정을 통해 생드니의 뇌는 자신이 꿈속에 있다는 인식을 촉발할 수 있는 꿈의 신호에 주의를 기울이도록 조율된 것으로 보인다.

그러나 이렇게 조율된 정신이 꿈의 신호를 인지하는 것과는 별개로, 그 신호를 꿈을 꾸고 있는 뇌에게 어떻게 전달하는지는 아직 밝혀지지 않았다. 거의 2세기 전에 생드니가 썼듯이, "우리는 정신과 육체를 연결하는 이들 사이의 신비한 관계에 대해 알고 있는 것이 너무 적다."

자각몽을 꾸는 사람의 약 3분의 1은 자각몽을 통제할 수 있으며, 진정한 자각몽 전문가들은 자각몽 속에서 행동을 자유롭게 통제하는 방법을 배운다. 날아다니기, 꿈에 그려왔던 인물과 대화하기, 그리고 섹스는 자각몽 속에서 가장 인기 있는 행동들이다. 그 다음으로는 특정 인물과 만난다거나, 스포츠를 경험하거나, 꿈속의 풍경을 내 마음대로 바꾸는 것 등이 있다. 자각몽 속에서 행동을 조종하는 사람들은 꿈이라는 드라마의 제작자이자 감독, 주인공이 된다.

자각몽을 유도하는 다양한 방법

*

자각몽을 유도하는 다양한 기법 말고도 자각몽을 발생하게 하는 약물이나 성분이 있을까? 버섯, 아야와스카ayahuasca(브라질에 서식하는 식물로 환각성 성분이 있어 음료로 만들어지기도 한다), LSD(아주 강력한 환각제 중 하나)와 같은 환각제는 일반적으로 몽환적이고 초현실적인 경험을 만들어낸다고 알려져 있지만, 꿈과는 다르다. 환각을 경험할 때와 꿈을 꿀 때 뇌의 네트워크 활성화 정도가 다르기 때문에 이 두 경험의 차이는 확실히 구분할 수 있다. 꿈을 꿀 때와 비교했을 때, 상상력 네트워크는 환각 경험에서 덜 활성화되며, 오히려 몸 밖을 떠다니는 듯한 느낌을 받는 해리 상태와 더 유사하다. 환각 물질은 자아 해체ego dissolution라는 것을 일으킬 수 있는데, 이를 꿈과 혼동해서는 안 된다.

하지만 과학적으로 자각몽을 꿀 확률을 높이는 것으로 밝혀진 약물이 하나 있는데, 바로 뇌의 아세틸콜린 수치를 높여주는 갈란타민galantamine이다. 아세틸콜린은 기억과 사고에 꼭 필요한 신경전달물질로, 치매 환자에게 사용할 경우 갈란타민이 아세틸콜린의 수치를 높여 사고 능력을 향상시키고 인지 기능의 상실을 늦출 수 있다.

바로 이 갈란타민은 꿈에도 영향을 미친다. 갈란타민은 수면 시작과 렘수면의 첫 번째 주기 사이의 시간, 즉 '렘수면 잠복기'를 줄여주며 렘수면의 밀도, 즉 렘수면 동안 안구 운동의 강도를 증가시킨다. 렘수면 밀도가 높을수록 더 강렬한 꿈을 꾸게 되므로 갈란타민은 더 기괴한 꿈과 높은 관련성을 가진다.

하와이 루시디티 연구소의 스티븐 라버지Stephen LaBerge는 갈란타민이 자각몽을 유도하는 데 도움이 되는지 알아보고자 했다. 그는 세 가지 용량의 갈란타민과 위약을 비교하기 위해, 연구자나 피실험자 모두 누가 갈란타민을 복용하고 누가 비활성 약을 복용하고 있는지 알지 못한 상태에서 이중맹검 연구double-blind study를 수행했다.[4] 피험자들은 3일 연속으로 잠든 후 4시간 30분 뒤에 일어났고, 이후 약을 복용한 뒤 30분 동안 깨어 있었다. 이후 다시 잠자리에 들면서 MILD 기법을 사용했다.

결과는 놀라웠다. 4밀리그램의 갈란타민은 위약보다 두 배, 8밀리그램은 세 배의 효과를 보였다. 가장 높은 용량을 복용한 실험 대상자의 거의 절반이 자각몽을 꿀 수 있었다. 이렇게 용량이 많을수록 더 극적인 결과가 나타나는 것을 용량 의존적 반응이라고 하며, 이는 인과관계의 강력한 증거가 된다. 또한 참가자들이 자각몽을 꿨는지 일반 꿈을 꿨는지에 관계없이 갈란타민은 꿈 회상 능력, 꿈의 생생함, 복잡성, 꿈과 관련된 긍정적인 감정을 증가시켰다.

갈란타민의 효과는 꿈이 자각몽일 때 더 뚜렷하게 나타났다. 갈란타민이 어떻게 자각몽을 증가시키는지는 정확히 알 수 없지만, 뇌의 아세틸콜린이 자각몽 중에 활성화되는 수행 네트워크의 활동을 강화한 것으로 보인다.

선주민 문화권에서는 여러 세대에 걸쳐 꿈을 더 잘 꾸기 위해 보충제와 미네랄을 사용해왔다. 멕시코와 중앙아메리카에서는 배탈부터 당뇨병, 피부병에 이르기까지 다양한 질병에 대한 전통적인 치료법으로 칼레아 사카테치치Calea zacatechichi라는 허브를 귀중히 여기며 꿈 의식에 사용하기도 한다. 멕시코 오악사카주에서는 신성한 메시지를 얻으려는 촌탈족Chontal 점술가들이 균형 감각 상실, 트림, 구토 등의 부작용을 감수하고 말린 칼레아 사카테치치 잎을 '꿈의 항해'를 위한 보조제로 피운다. 아프리카의 호사족Xhosa 점술가들은 생생하고 명료한 꿈을 꾸기 위해 우불라우ubulawu라는 약용 뿌리를 찾는다. 그중 하나인 실레네 카펜시스Silene capensis는 봄과 가을에 저녁에 피는 향기로운 흰색 꽃으로, 강력한 꿈을 유도하여 점술가들이 꿈속에서 신성한 메시지를 받고자 할 때 사용된다.

현재 자각몽을 유도하는 기술적인 방법으로 특수 헤드 밴드, 안대, 스마트 시계와 같은 다양한 기기가 시중에 판매되고 있는데, 상업적으로 판매되는 제품만 해도 50여 가지가 넘는다. 이러한 가정용 기기는 수면자가 렘수면 상태에 있을 때를 파악하여 작동하도록 만들어졌다. 어떤 기기는 눈의 움직임을 직접 측정하는 반면, 어떤 기기는 심박수 및 가속도계(물체의 가속도 물리량을 측정하는 장치) 데이터를 사용하여 렘수면을 추정한다. 렘수면 중에는 신체가 마비되기 때문에 가속도계에는 아무런 움직임이 나타나지 않고, 몸이 마비된 상황에서도 뇌는 꿈속의 활동을 현실로 인식하기 때문에 심박수는 증가한다. 따라서 이 두 가지 데이터를 결합하면 렘수면 상태인지 아닌지를 확인할 수 있다.

이러한 기기들은 사용자가 렘수면 상태임을 인식하는 순간, 미묘한 신호를 생성해 사용자에게 지금 꿈을 꾸고 있음을 알려준다. 이러한 신호에는 진동과 같은 촉각 신호, 청각 신호 또는 깜박이는 불빛과 같은 시각 신호 등이 사용되며, 어떤 장치는 "나는 꿈을 꾸고 있다"라고 말하는 사용자의 목소리를 녹음하여 재생하기도 한다. 제대로 작동하면 사용자를 잠에서 깨우지 않으면서 이러한 진동, 소리 또는 빛의 신호가 수면 중 외부 자극을 차단하는 뇌의 시상하부를 통과한다. 이러한 신호는 꿈에 자연스럽게 녹아들고, 자각몽을 유발하는 단서 역할을 할 가능성이 높다.

이러한 기기가 상용화되기 전 한 수면 실험실에서 유사한 신호 장치를 시험한 적이 있다. 조명이 자각몽을 유도하는 데 얼마나 효과적인지 테스트하는 연구였는데, 잠재적인 플라세보 효과를 없애기 위해 연구자들은 피험자들이 모르게 밤마다 조명을 번갈아가며 사용했다. 이때 보고된 자각몽 중 3분의 2는 빛의 신호가 있는 밤에 일어났다.[5]

이런 신호가 효과를 발휘하려면 꿈을 꾸는 사람이 미리 정신적으로 준비하는 것이 도움이 된다. 수면 연구실에서는 실험 대상자에게 잠들기 전에 꿈의 신호를 알려준다. 희미한 불빛이나 바이올린의 선율 등이 그 신호가 될 수 있음을 인지시킨 상태에서 이 신호를 받으면 피험자는 자신이 깨어 있는지, 아니면 꿈을 꾸는 건지를 확인한다. 그런 다음 자신이 겪고 있는 경험이 깨어 있을 때와 다른지 비판적으로 인식하고 알아차리는 과정을 수행한다.

일반적으로 수면 중 각성은 뇌간에서 시작된다. 우리가 잠을 자고 있을 때 시상은 수행 네트워크에 일어나야 한다는 경고 신호를 보낸다. 현재 렘수면 상태임을 알려주는 장치의 깜빡임 신호는 이 상향식 내부 검사 경로를 통해 뇌로 전달된다. 이 신호는 우리를 깨우지 않고 시상하부를 통과할 수 있다.

하지만 신체의 각성 메커니즘을 역설계할 수 있다면 어떨까? 상향식 대신 하향식으로 진행한다면? 최근 연구자들은 비침습적 뇌자극 기술을 사용하여 이를 시도하고 있다. 앞서 소개한 경두개 자극술은 아직 자각몽을 일으킬 수 있다는 증거는 부족하지만 꿈에 대한 자각성을 높일 수 있는 것으로 나타났다. 자각몽의 신경생리학에 대한 이해가 확대되면서 연구자들은 머지않아 자각몽을 자극할 수 있는 정확한 주파수와 뇌의 정확한 위치를 찾아낼 수 있을 것으로 보인다.

자각몽을 안정적으로 유발할 수 있는 비침습적 방법을 찾는 노력은 계속되고 있으며, 전 세계의 연구자들이 이를 찾기 위해 경쟁하고 있다. 브라질 히우 그란지 연방대학의 세르히오Sérgio A. Mota-Rolim와 그의 동료들은 자각몽으로 들어가는 문이 하나 이상일 수 있으며, 각 문은 1인칭적 통제, 3인칭적 신체 이미지 또는 향상된 시각적 생생함 등 자각몽 속 다른 경험으로 이어진다고 주장했다.[6] 하지만 이 글을 쓰는 현재로서는 아직 그 문을 열기 위한 열쇠(혹은 열쇠들)를 찾지 못했다.

대체로 자각몽은 창의력, 문제 해결, 심지어 일상생활에 필요한 기술을 연마하기 위한 연습과 능력 향상의 기회를 제공하는 특별하고 긍정적인 경험으로 여겨진다. 사람들은 자각몽을 꾸면 잠에서 깼을 때 기분이 좋고, 다음 날 아침 상쾌한 기분을 느낀다고 말한다. 하지만 자각몽 유도 기법의 대부분이 강제 각성이나 수면 중단을 수반한다는 점을 명심해야 한다. 각성 후 재취침WBTB 또는 이와 유사한 기법으로 자각몽을 유도하는 것은 수면을 파편화하여 궁극적으로 수면 주기를 망칠 수 있기 때문에 주의가 필요하다. 또한 자각몽을 꾸는 사람이 조심하지 않으면 총 수면 시간이 줄어들 가능성도 있다. 하지만 이와 동시에 자각몽은 꿈과 자각의 초현실적인 교차점, 매우 독특한 의식 상태로 당신을 데려다줄 수 있다.

꿈의 미래

당신의 꿈은 조작되고 있다

기술과 산업의 발전은 우리 삶의 많은 것을 바꿔놓았다. 더 나아가 우리의 꿈속 세상까지 침범하기에 이르렀는데, 대체 이 기술들에는 무엇이 있으며 상상력의 원천인 우리의 꿈을 어떻게 지켜낼 수 있을지 알아보자.

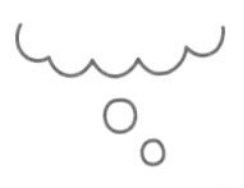

교토대학의 가미타니 유키야스Yukiyasu Kamitani 교수는 지난 20년간의 연구를 통해 꿈을 해독하여 영상으로 변환하는 목표에 점점 가까워지고 있다.[1] 뇌 스캔 데이터를 해독해 피험자가 가로나 세로, 왼쪽이나 오른쪽으로 기울어진 선 등 어떤 패턴의 선을 보았는지 판별하는 컴퓨터 알고리즘으로 연구를 시작한 가미타니와 그의 팀은, 이제 잠에서 깨기 직전 어떤 꿈을 꾸었는지 자신 있게 알려줄 수 있는 정도까지 이르렀다. 가미타니의 알고리즘은 꿈에서 등장한 것이 사람이었는지, 나무였는지, 동물이었는지 알아낼 만큼 정교해졌다.

이 성취는 당연히 쉬운 일이 아니었다. 뇌의 실시간 혈류와 뇌 표면의 전기 활동만을 기반으로 시각적 이미지를 재현하기 위해 가미타니와 연구진들은 복셀voxel, 즉 3차원의 픽셀pixel(이차원 공간에서 x, y 좌표로 된 점을 정의한 것. 복셀은 픽셀을 3차원으로 구현한 것으로 제3의 좌표 z를 추가로 사용한다)로 표현되는 뇌 활동을 포착하고 엄청나게 복잡한 계산 작업을 수행할 수 있는 심층 신경망(다층의 인공신경망 뉴런 구조로 복잡한 패턴을 인식하고 학습하는 인공지능 기술)을 사용하여 이를 처리한다. 심층 신경망을 사용하면 컴퓨터가 방대한 양의 데이터에서 패턴을 찾아낼 수 있으므로 시간이 지남에 따라 점점 효율적으로 이 모든 정보를 처리할 수 있게 된다. 그런 다음 재구성 알고리즘을 통해 정보를 조합한다.

가미타니는 많은 FMRI 촬영을 통해 뇌파를 기록하여 전기 활동과 뇌의 실시간 대사 활동을 포착했고, 많은 꿈 데이터를 수집했다. 연구진은 실험 참가자들이 막 잠이 드는 순간, 즉 정신이 자유롭게 방황하기 시작하여 시각적 이미지가 풍부하게 나타나는 수면 진입 상태에 참가자들을 반복해서 깨우고, 깨어나기 직전에 꿈에서 본 것이 있는지, 있다면 무엇이었는지를 물었다. 참가자는 일어나기 직전에 본 이미지, 예를 들어 비행기나 소녀 또는 블랙박스 등을 봤다고 말한다. 이러한 이미지를 당시의 뇌 활동과 대조한 다음 참가자에게 다시 잠들 것을 요청한다. 이 과정을 충분히 반복하면 기계 학습 알고리즘이 참가자들의 뇌에서 일어나는 일과 그들이 꿈에서 봤다고 보고한 이미지 사이의 상관관계를 찾기 시작한다.

꿈의 해상도를 높이다

✳

인공지능의 눈부신 발전을 활용하여 전 세계의 다른 연구자들도 뇌 활동을 시각적 이미지로 변환하기 위한 노력에 동참하고 있으며 그 결과, 신경 신호를 해독하는 정확도가 점점 더 높아지고 있다. 앞으로 10년 정도면 누군가가 꿈을 꾸는 동안의 뇌 활동을 시각적으로 재현하는 것이 가능해질 것으로 예상된다.

예를 들어, 캘리포니아 버클리대학교의 잭 갤런트Jack Gallant 인지신경과학 연구소에서는 지난 10년 동안 영화 예고편을 보는 사람들의 뇌 활동을 해독하는 데 성공했다.[2] 갤런트 박사와 팀원들은 뇌 영상만으로 이 사람이 무엇을 보고 있는지 놀라운 정확도로 해독할 수 있다. 영화 〈신부들의 전쟁〉의 예고편을 보고 있는 사람의 뇌 활동은 '여성이 말하는 장면'을 보고 있다고 정확하게 분류되었다.

갤런트는 뇌의 3차원 지도가 아닌, 뇌의 두 반구가 마치 좌우가 상반된 호주의 지도처럼 보이는 2차원 지도를 만들어 분석한다. 그는 지도의 피질에서 10만 개의 점들을 추적하여 뇌가 하는 일과 사람이 보고 있는 것 사이의 관계를 찾는데, 특히 평평한 뇌 지도의 중앙 근처에 있는 시각 피질에 초점을 맞춘다. 평균 이상의 뇌 활동이 일어나는 곳은 빨간색으로, 평균 미만의 영역은 파란색으로 표시된다.

갤런트의 연구실은 이야기를 듣거나 읽을 때의 마음을 해독하기 시작했다. fMRI 데이터를 사용하여 이야기 속 개념을 특정 뇌 활동과 연관시키는 기능 지도를 만들 수 있었다. 모든 개념은 뇌의 다양한 영역을 활성화하기 때문에, 기능 지도를 만드는 것은 그저 지도의 어느 지점에 핀을 꽂는 것처럼 간단하지 않았다. 이런 어려움에도 불구하고, 연구원들은 이제 뇌 활동 정보만으로 어떤 사람이 듣거나 읽고 있는 이야기가 어떤 주제에 관한 내용인지, 그 내용이 감정적인지 폭력적인지, 질감이나 색상과 같은 시각 정보에 초점을 맞춘 이야기인지 등 다양한 사실을 파악할 수 있게 되었다.

뇌 활동 지도의 흥미로운 점은 꿈을 꿀 때도 동일한 의미적 연결을 따른다는 것이다.[3] 예를 들어 우리가 자동차를 떠올릴 때 현재 가지고 있는 자동차, 자동차의 역사에 대해 알고 있는 내용 혹은 자동차 운전 방법 등을 떠올릴 수 있다. 아니면 처음 운전을 연습했던 자동차를 떠올릴 수도 있다. 또는 다른 교통수단을 떠올리거나 어렸을 때 부모님과 함께 차를 탔던 기억을 떠올릴 수도 있다. 무엇을 생각하느냐에 따라 절차적 기억, 일화 기억, 의미 기억, 정서적 기억과 관련된 뇌의 다른 영역에 불이 켜진다.

하지만 꿈을 정확하게 해독하기 위해서는 아직 갈 길이 멀다. 한 가지 어려움은 사람마다 뇌가 조금씩 다르다는 것이다. 이는 내가 수술실에서 늘 겪는 일이기도 하다. 뇌의 구조와 각 영역의 위치는 거의 같더라도, 사람에 따라 항상 약간씩 차이가 있다. 뇌 활동의 해독이나 조작을 위해서는 개인의 뇌를 일반적인 뇌 지도와 비교해 보정할 수 있는 일종의 표준 방법이 필요한 셈이다.

또 다른 과제는 기술 자체와 관련된 것이다. fMRI 기계는 예를 들어 초당 24프레임의 영화보다 훨씬 느리게 이미지를 캡처하기 때문에 이미지들 사이의 연결성이 떨어진다. 이 문제는 시간이 지나면 개선되겠지만, 현재로서는 MRI 기계가 초당 2.5회만 샘플링하는 경우가 대부분이다.

또한 필요한 해상도도 부족하다. 병원에서 사용되는 일반적인 MRI는 1테슬라tesla(자기장의 밀도에 대한 단위)의 자기 강도를 갖고 있다. 갤런트와 그의 팀이 사용하는 것은 3테슬라다. 하지만 3테슬라 MRI도 뇌 조직을 2밀리미터 입방체까지만 측정할 수 있고, 이것이 갤런트의 연구실에서 사용하는 데이터의 기초가 된다. 안타깝게도 이 정도의 면적으로 뇌 기능을 살펴볼 때는 정확도가 떨어진다. 마치 지도의 거리뷰가 아닌 동네의 위성 사진을 보는 것과 같다. 차세대 MRI 스캐너는 0.4밀리미터 입방체, 즉 400미크론micron(1미크론은 1밀리미터의 1,000분의 1이다)까지 스캔할 수 있어 훨씬 더 정밀한 뇌 지도를 그려볼 수 있을 것으로 보인다.

언젠가 뇌 활동으로부터 꿈을 해독할 수 있게 된다면, 이제는 다음과 같은 것들이 궁금해진다. 언젠가는 그 반대의 일, 즉 뇌가 꾸는 꿈을 해독하는 것이 아닌, 코드로 입력하여 무에서 유를 창조하는 일도 할 수 있을까? 스트리밍 서비스에서 영화를 고르는 것처럼 꿈을 선택할 수 있게 될까? 공상 과학 소설처럼 들리겠지만 언젠가는, 어쩌면 생각보다 빨리 실현될 수도 있다.

꿈을 조작할 수 있을까

✳

20세기 전반에는 대부분의 사람이 꿈을 흑백으로 꾼다고 보고했다. 이 시기는 신문, 사진, 텔레비전, 그리고 대부분의 영화가 흑백이었던 시기다. 이때 색깔이 있는 꿈은 예외로 여겨졌으며, 그 당시에는 1930년대에 시작된 컬러 영화 제작 과정의 이름을 따서 '테크니컬러 꿈'이라고 불렸다.

1960년대에 들어서면서 모든 것이 극적으로 바뀌었다. 대부분의 사람이 컬러로 꿈을 꾸고 있다고 보고하기 시작한 것이다. 이 현상의 촉매제는 무엇이었을까? 이 현상이 보고되기 10년 전, 미디어가 흑백에서 컬러로 바뀌는 엄청난 변화가 있었다. 최초의 상업용 컬러 TV가 판매되기 시작했고, 잡지 역시 흑백에서 컬러로 전환했으며 영화도 컬러로 촬영되기 시작했다. 이러한 꿈의 변화는 20세기에 대중문화가 급격하면서 생긴 것으로 보인다.

꿈의 풍경을 바꾸기 위해 노력한다면, 사람들이 꾸는 꿈의 이미지를 조작할 수도 있을까? 앞서 언급한, 참가자들에게 색안경을 쓰게 하거나 몰입형 비디오 게임을 하게 한 실험에서 보았듯이 꿈의 모습을 조작하려고 시도했지만 큰 성과는 없었다. 꿈의 풍경이 약간 바뀌긴 했지만 완전히 바뀌거나 예측 가능한, 혹은 원하는 방식으로 바뀌지도 않았다. 꿈은 이런 식으로 조작하기에는 너무 자유롭다.

꿈의 '영상'을 조작하기 어렵다면 '소리'는 어떨까? 꿈에서 듣는 내용을 조작할 수 있을까? 낮에 듣는 언어가 꿈에 영향을 미치는 것으로 보인다. 이중 언어를 사용하는 사람들을 대상으로 한 연구에서는, 피험자가 잠들기 전에 어떤 언어로 인터뷰를 했는가가 그들이 이후 어떤 언어로 꿈을 꾸게 될지에 영향을 미친다는 사실을 발견했다. 이와 비슷하게, 영어를 사용하는 캐나다인을 대상으로 한 연구에 따르면, 6주간의 집중 프랑스어 수업에 등록한 후 참가자들은 프랑스어로 꿈을 꾸기 시작했다. 이런 연구들은 꿈의 시각적 측면과 마찬가지로 일상에서 듣는 것이 꿈에 영향을 미친다는 것을 보여준다. 하지만 자는 동안 청각 신호를 통해 꿈을 예측 가능한 방식으로 조작하는 법은 아직 연구 중이다. 한 가지 흥미로운 사실은, 짧게나마 꿈을 조작할 수 있는 방법 중 가장 잠재력 있다고 평가받는 감각은 시각도, 청각도 아닌 바로 '후각'이라는 것이다.

오감으로 조작하는 꿈의 세계

✳

우리가 배운 대로 꿈을 꾸는 동안에는 외부 세계가 차단되기는 하지만 완전히 단절되는 것은 아니다. 잠든 동안 우리의 생각과 꿈으로 들어가는 한 가지 방법은 후각을 이용하는 것이다. 후각은 뇌의 기억 및 감정 시스템과 관련된 뇌의 부위, 해마와 편도체와 곧장 연결되어 있어 오감 중 가장 영향을 덜 받는다.

후각에는 또 다른 특징이 있는데, 바로 꿈을 꿀 때 대부분의 감각 신호를 차단하는 시상하부를 우회해서 뇌에 전달된다는 점이다. 이는 진화적으로 이점이 있었을 수도 있다. 선사시대에는 잠자는 동안 불이나 주변에서 나는 동물의 냄새를 맡아야 살아남을 수 있었을 것이다.

후각 자극에 대한 시상하부의 관문이 느슨하기 때문에, 어떤 냄새들은 꿈꾸는 사람을 깨우지는 않으면서 꿈에 영향을 미칠 수 있다. 썩은 달걀 냄새는 꿈을 부정적으로 바꿀 수 있고, 장미 향기는 즐거운 꿈을 꾸게 할 가능성이 높다. 물론 한계가 있다. 향이 너무 강하면 수면의 베일을 뚫고 잠든 이를 깨울 수 있다.

향기는 수면 중 학습에도 도움이 될 수 있다. 예를 들어 새로운 언어를 공부할 때 소나무 향을 맡는다면, 잠자는 동안 같은 향을 방출하는 장치를 사용하면 기억력을 강화하여 학습을 촉진한다. 노스웨스턴대학교의 로라 섀너핸Laura Shanahan의 한 연구에서, 실험 참가자들은 격자 위에 표시되는 다양한 종류의 그림의 위치를 기억해야 했다.[4] 표시된 그림에는 동물, 건물, 얼굴, 도구 등이 있었고, 각각에 해당하는 향기가 지정되었다. 예를 들어 삼나무 향기는 동물 그림과 짝지어지고, 장미 향기는 건물 그림과 짝지어지는 식이다. 참가자들이 잠을 자는 동안, 당사자는 모르게 이 향기 중 일부를 노출시켰다. 잠에서 깨어난 후 실시한 기억력 테스트에서 참가자들은 잠자는 동안 자신도 모르게 맡았던 향기와 관련된 사진을 더 잘 기억해냈다.

일부 연구에서 연구자들은 수면 중 혹은 꿈을 꾸는 동안의 냄새가 중독과 싸울 힘을 갖게 할 수도 있다는 사실을 발견했다. 한 연구에서 담배와 썩은 달걀 냄새에 함께 노출된 수면자는 그 다음 주에 담배를 30퍼센트 더 적게 피운 것으로 나타났다.[5] 하지만 이러한 후각의 조작은 정반대로 작용하기도 한다. 수면 중 담배 냄새를 맡은 흡연자가 다음 날 담배를 더 많이 피우기도 한다. 흥미롭게도 후각이 행동에 영향을 미치는 능력은 수면과 강한 연관성을 가진 것으로 보인다. 왜냐하면 깨어 있는 피험자가 담배 연기와 썩은 달걀 냄새를 함께 맡아도 아무런 변화가 나타나지 않았기 때문이다.

이제 스마트 기기가 현재 어느 수면 주기를 지나고 있는지 감지할 수 있을 정도로 기술이 발전했기 때문에, 이를 냄새를 방출하는 장치와 동기화하면 학습이나 치료에 도움을 줄 수 있을 것으로 보인다. 냄새를 이용해 꿈의 내용을 조작할 수도 있는데, 이는 100년 전 프랑스에서 이미 시도되었다.

이전 장에서 살펴본 생드니는 향기를 통해 꿈속의 특정 기억을 불러낼 수 있는지 알아보고자 했다. 이 가설을 테스트하기 위해 이 19세기의 파리지앵은 여행할 때마다 다른 향수를 샀다. 그는 손수건에 향수를 뿌리고 매일 특정 장소에서 손수건의 냄새를 맡았다. 집에 돌아와서는 몇 달을 기다렸다가 하인에게 향수 몇 방울을 베개에 뿌려달라고 부탁했다. 그 결과 생드니는 그 향수 냄새를 맡았던 장소에 대한 꿈을 꾸었다. 나아가 하인에게 두 가지 향수를 베개에 뿌리도록 한 날에는 놀랍게도 각 여행에서 보고 느낀 것들이 함께 나타난 꿈을 꾸었다고 한다.

이 비공식적인 실험을 통해 생드니는 후각으로 꿈을 조작할 수 있다는 것을 보여주었다. 일상생활의 특정 기억과 연결된 향기가 잠을 자는 동안 동일한 후각 신호에 의해 다시 활성화된 것이다. 꿈을 특정 방향으로 이끌기 위한 그의 설계는 과학적이었지만, 사실 수천 년 동안 이어져온 꿈 배양 방식과 크게 다르지 않다.

학습 결과를 향상하는 데 사용된 것은 냄새뿐만이 아니다. 음악도 같은 방식으로 사용될 수 있다. 한 연구에서 문제를 푸는 참가자들에게 같은 음악을 반복해서 들려주었고, 잠자는 동안 이 음악을 조용히 틀어놓은 참가자들은 그렇지 않은 참가자들보다 꿈에서 문제의 해답을 찾을 가능성이 더 높았다.

촉각적 신호도 꿈의 내용에 영향을 줄 수 있다. 꿈을 꾸는 사람의 다리를 건드려 반사적으로 무릎을 들썩이게 하면 넘어지는 꿈을 꾸게 된다. 또 꿈을 꾸는 사람의 손을 물에 넣으면 꿈에 물과 관련된 내용이 등장할 가능성이 높으며, 얼굴에 물을 뿌리면 거의 절반이 비를 맞거나 수영하는 등 물과 관련된 꿈을 꾸게 된다고 한다.

권장하지는 않지만 꿈을 조작하는 다른 방법도 있다. 물이 부족하면 갈증을 느끼거나 물에 관한 꿈을 꾸게 될 가능성이 훨씬 더 높다. 잠들기 직전에 스트레스를 주는 영화를 보면 긍정적인 꿈보다 부정적인 꿈을 꿀 확률이 훨씬 높다. 물론 그 반대의 경우도 마찬가지다. 그리고 지금까지 살펴본 바와 같이 악몽의 가능성을 줄이는 한 가지 방법은 잠자기 전 차분한 취침 의식을 갖는 것이다.

우리의 꿈을 노리는 광고의 명과 암

*

우리가 깨어 있는 동안 보는 광고는 사실 광고주들이 우리의 사고에 영향을 미치고자 노골적으로 만드는 이미지다. 광고주들은 이제 우리의 꿈까지도 노리고 있다. 꿈 광고가 잠재적으로 훨씬 악의적으로 느껴지는 이유는 우리의 의식 밖에서 일어나기 때문이다. 꿈을 꾸는 동안 우리의 이성적인 두뇌는 오프라인 상태이기 때문에 광고 속의 터무니없는 마케팅 메시지에 덜 회의적이고 더 취약하다. 한 연구에 따르면 광고에 대한 꿈을 꾸면 해당 제품을 구매할 가능성이 높아진다는 사실이 이미 밝혀진 바 있다.[6]

현재의 꿈 조작 기술에는 한계가 있음에도 기업들은 이미 소비자 맞춤형 꿈 배양 사업에 뛰어들고 있다. 그들에게 꿈은 제품 마케팅을 위한 마지막 남은 미개척지다.

2021년, 몰슨 쿠어스Molson Coors 음료 회사는 미식축구 챔피언 결정전인 슈퍼볼을 앞두고 소비자들의 꿈에 침투하기 위해 꿈 배양을 시도했다. 내셔널풋볼리그가 경쟁사와 독점 계약을 맺었기 때문에 이 회사는 경기 기간 중에 광고를 할 수 없었다. 이에 마케팅 담당 부사장이 내놓은 고육지책은 바로 '경기 중에 광고를 내보낼 수 없다면 사람들의 꿈속에서 광고를 할 수는 없을까?'였다.

몰슨 쿠어스는 하버드대학교의 꿈 심리학자 디어드리 배럿에게 도움을 요청했다. 경영진은 꿈에 침투하는 힘을 가진 광고를 만들 수 있는지 알고자 했다. 목표는 사람들의 잠재의식 속에 광고를 확실히 심어 꿈속에서 재생되도록 하는 것이었다. 배럿은 꿈의 콘텐츠에 영향을 미치는 것은 가능할 수 있지만 광고를 보는 주체의 협력이 있어야만 효과가 있다고 말했다.

배럿의 조언에 따라 몰슨 쿠어스는 강렬한 비주얼의 90초짜리 광고를 제작했고, 이를 "당신 꿈속의 빅게임The Big Game Commercial of Your Dreams"이라고 불렀다. 그리고 여덟 시간 분량의 사운드트랙도 함께 공개했다. 몽환적인 음악이 흐르는 가운데 반투명한 아바타가 회사 제품 이미지와 자연, 만화 캐릭터, 매혹적인 모양과 패턴의 이미지가 산재되어 있는 산과 하천 위를 날아다닌다. 색채가 풍부한 이 영상은 마치 꿈처럼 초현실적인 이미지에서 추상적인 모양과 사물로 빠르게 이동하며 전환된다.

수면 실험실에서 이 광고를 테스트하기 위해 피실험자들에게 광고를 여러 번 보여준 다음, 잠들기 전에 이 영상에 대한 꿈을 꾸고 싶다고 되풀이하여 말하면서 꿈을 준비하도록 했다. 렘수면 중에 깨어났을 때 피험자들은 폭포에 대한 꿈을 꾸거나 영상에 나오는 눈 속을 걷는 꿈을 꾸었다고 보고했다. 깨어난 지 얼마 되지 않아 아직 목소리가 잠긴 한 참가자는 꿈속의 산이 몰슨 쿠어스의 맥주와 관련이 있었다고 말했다. 실제로 열여덟 명의 피험자 중 다섯 명이 광고의 일부 요소가 포함된 꿈을 꾼 것으로 알려졌다.

몰슨 쿠어스는 이 영상을 온라인에 게시한 후 소비자들에게 이 영상을 보고 '잠재적으로 사상 최대 규모의 수면 실험'에 참여하도록 초대했다. 잠들기 전에 동영상을 여러 번 시청하고 잠자는 동안 사운드트랙을 재생하도록 했다. 참가자에게는 할인 혜택이 제공되었고, 소셜미디어에 해시태그와 함께 그들의 맥주 상표인 쿠어스 라이트Coors Light와 쿠어스 라이트 셀처Coors Light Seltzer를 태그하여 자신의 꿈에 대한 후기를 게시하도록 독려했다. 몰슨 쿠어스는 이 광고를 통해 14억 회 노출, 소셜미디어 참여율 3,000퍼센트 증가, 그리고 무엇보다도 회사 매출 8퍼센트 증가라는 엄청난 성공을 거두었다고 밝혔다.

한때 우리의 은밀하고 신성한 영역이었던 꿈은 이제 몰슨 쿠어스뿐 아닌 여러 마케터들의 타깃이 되었다. 미국 마케팅 협회의 2021년 '마케팅의 미래 설문조사'에 따르면, 400개 기업 중 77퍼센트가 2025년까지 꿈 광고를 실험할 계획이라고 답했다. 꿈이라는 비옥한 땅을 공략하기 위한 골드러시가 진행되고 있는 것이다.

세계적인 패스트푸드 브랜드인 버거킹은 꿈에 침투하기 위해 다른 길을 모색했다. 버거킹은 핼러윈 프로모션으로 '나이트메어 킹버거Nightmare King burger'를 선보였는데, 당시 내건 슬로건은 이랬다. "당신의 악몽을 키워라." 이 버거에는 치킨 패티, 베이컨, 치즈, 밝은 녹색 번이 들어 있었다. 엄청난 양의 칼로리를 제외하면, 이 버거의 특이한 점이라고는 버거의 빵이 밝은 녹색이었다는 것뿐이었지만 버거킹은 나이트메어 킹이 실제로 악몽을 유발했다는 것이 임상적으로 입증되었다고 주장했다.

버거킹은 이를 입증하기 위해 진단 및 수면 연구소와 협력하여 열흘 동안 100명의 참가자의 꿈을 추적했다. 버거킹의 보도자료에 따르면, 나이트메어 킹은 악몽의 발생률을 세 배 이상 높인 것으로 나타났다. 물론 특정 행동을 하면 악몽을 꾸게 될 것이라는 암시만으로도 악몽을 더 많이 꾸게 될 가능성이 있다.

흥미로운 점은 버거킹의 나이트메어 킹이 치즈버거였는데, 치즈는 오랫동안 악몽을 유발한다고 (잘못) 믿어져 왔다는 것이다. 찰스 디킨스의 『크리스마스 캐럴』에서 주인공 스크루지는 이전 동업자 말리의 유령이 나타난 것을 두고 아까 먹은 치즈 부스러기를 탓한다. 치즈가 악몽을 일으킬 수 있다는 과학적인 증거는 없지만, 그 믿음 자체는 신화를 유지하기에 충분했다. 이러한 자기충족적인 부정적 결과는 플라세보 효과, 즉 위약 효과의 반대 개념인 노세보 효과nocebo effect와 유사하다. 어떤 약물이 특정한 부작용을 일으킬 것이라고 믿는 경우, 실제로 부작용을 일으킬 가능성이 더 높다.

꿈속에서 맥주나 햄버거를 나타나게 하려는 이러한 노력은 시작에 불과할 수 있다. 광고주들이 일상적으로 수면과 꿈을 타깃으로 삼아 우리가 방심하는 사이 행동에 영향을 미치고, 우리의 정신적 건강에 매우 중요한 무언가를 위협하는 밤이 빠르게 다가오고 있다. 수면과 꿈이라는 신성한 피난처가 곧 포위당할지도 모른다.

이러한 가능성에 대해 학술계는 우려를 표하고 있다. 전 세계 서른여덟 명의 연구자들은 몰슨 쿠어스 광고에 대한 공개서한을 통해 꿈을 기업 광고주의 또 다른 놀이터로 만드는 것에 반대하며, 광고주가 자고 있는 사람을 상대로 광고하는 것을 금지하는 법안을 지지했다. 그러면서 이들은 다음과 같은 질문을 던졌다. "사생활 침해와 착취적인 경제 관행에 우리 모두가 집단적 내성이 생겨 우리의 꿈에 맥주 광고를 게재하는 대가로 맥주 열두 캔을 받아들이게 된다면, 그때 우리는 무엇을 잃게 될 것인가?"

기술은 어떻게 우리의 꿈에 침입하는가

✳

우리는 깜박이는 빛, 진동, 꿈꾸는 사람의 피부 주변 공기의 온도 조절, 청각적 신호 등이 모두 특정 기억을 불러일으키는 데 사용될 수 있다는 사실을 알게 되었다. 이에 대한 초기 실험에서는 꿈을 꾸는 동안 액체와 관련된 단어의 언어 신호가 관련된 꿈을 유발하고 깨어났을 때 피실험자의 행동에 영향을 미칠 수 있다는 사실도 밝혀졌다.

예를 들어, 언어 신호는 잠자는 사람의 브랜드 선호도에 영향을 미칠 수 있다. 중국의 연구자인 시즈 아이Sizhi Ai와 윈루 인Yunlu Yin의 연구에서 참가자들은 잠을 자는 동안 두 가지 브랜드 이름 중 하나를 반복해서 들었다. 잠에서 깼을 때, 참가자들은 잠자는 동안 들었던 브랜드를 선택할 가능성이 더 높았다. 시즈 아이는 "수면 중의 인지 처리 과정은 유연하며, 선택적으로 주관적 선호도를 미세하게 조정하는 데 관여한다"고 결론지었다.[7] 대조군은 낮잠을 자지 않고 동일한 반복 메시지를 들었지만 아무런 효과가 없었다. 이것이 어떻게 작동하는지는 아직 알려지지 않았지만, 수면 중인 참가자들의 뇌파는 언어 신호로 영향을 받았을 때 변화를 보였다.

이 연구나 이와 비슷한 연구들을 근거로, 스마트 스피커, 스마트 시계 또는 기타 외부 기기나 앱이 잠자는 동안 우리에게 쇼핑에 대한 지시를 내릴 수 있을까? 확실히 가능할 것 같다. 이미 스마트 스피커는 우리의 침실에 침투했고, 스마트 시계와 기타 기기는 수면 주기를 모니터링할 수 있다. 이러한 기기는 움직임, 심박수 및 기타 신호를 기반으로 사용자가 어떤 수면 단계에 있는지 꽤 잘 파악할 수 있으며, 애플 워치는 렘수면까지 추적할 수 있다.

우리가 수면 중에 청각적 신호에 취약하다는 점을 고려한다면, 스마트 스피커 또는 웨어러블 기술에 대한 최종 사용자 라이선스 협정end user license agreement(애플리케이션 제작자나 게시자와 사용자 간의 일종의 법적인 계약으로 소프트웨어 라이선스라고도 한다)에 '회사가 수면 중에 오디오 마케팅 메시지를 보낼 수 있는 권한'이 포함되는 순간이 머지 않았을 수 있다. 광고 없는 꿈을 꾸기 위해 추가 비용을 내야 할 수도 있을까? 그리고 기업이 우리의 꿈에 침투하기 위해 장치를 사용할 수 있다면, 정부가 정치 선전이나 심리 조종을 통해 수면 중인 국민들의 마음을 통제하는 것을 막을 방법은 있을까? 이는 조지 오웰George Orwell의 『1984』나 필립 K. 딕Philip K. Dick의 『안드로이드는 전기 양의 꿈을 꾸는가』와 같은 공상과학소설을 떠올리게 하는 암울한 상상이다.

미래에는 기계와 뇌 사이의 더욱 직접적인 인터페이스가 등장할 수도 있다. 현재 뇌전증 환자는 뇌에 이식된 장치를 통해 뇌파를 모니터링하여 발작하기 전에 나타나는 고유한 신호를 찾아내고, 이를 역전류로 방해하는 장치를 이식할 수 있다. 이것은 마음과 기계가 원활하고 자율적으로 작동하는 폐쇄적 루프 시스템이다. 미래에는 필요에 따라 꿈을 조작하는 장치를 이식하는 수술을 선택할 수 있게 될까? 상당히 급진적이라고 생각하겠지만, 만약 이를 통해 반복되는 악몽에서 벗어날 수 있다면 어떨까? 수술을 선택할 가치가 있을까? 혹은 이 장치가 더 창의적인 꿈을 꾸게 해준다면 어떨까? 아니면, 원할 때마다 에로틱한 꿈을 꿀 수 있도록 유도하는 장치가 있다면 어떨까?

영화 〈인셉션〉에서는 사람들의 꿈속에 아이디어를 몰래 심어놓는 장면이 나온다. 실제로 신경과학자들은 지금 당장 이식 장치를 사용하여 특정 기억을 유발할 수 있다. 개인적인 기억일 수도 있고 특정 제품에 대한 기억일 수도 있다. 심지어는 뇌에 직접적으로 침투하지 않고도 이런 기억을 유발할 수 있는 장치도 시중에 나와 있다. 이러한 장치를 만드는 기업들이 제품에 마케팅 요소를 추가하거나 수집한 신경 데이터를 오용하는 것을 막으려면 어떻게 해야 할까?

이 질문에 유엔 과학문화기구 유네스코가 주목했다. 2023년 7월, 유네스코는 신경과학자, 윤리학자, 정부 관계자들을 한데 모아 신경에 관한 권리문제를 해결하기 위해 가능한 규제를 논의했다. 같은 시기에 발표된 유네스코 보고서에 따르면 신경기술은 잠재적으로 우리의 마음에 접근하고, 개인의 성격과 행동을 바꾸고, 과거 사건에 대한 기억을 바꿀 수 있는 힘을 갖도록 개발될 것이라고 하면서, "이는 프라이버시, 사상의 자유, 자유 의지, 인간의 존엄성과 같은 기본권에 도전한다"고 했다.[8]

다른 단체들도 신경기술의 잠재적인 오용으로부터 사람들을 보호하기 위해 노력하고 있다. 2017년에 설립된 뉴로라이츠Neurorights 재단은 스마트 시계, 이어폰, 헤드셋과 같은 기기가 신경기술로 수집된 데이터를 비공개로 유지하고, 이러한 데이터의 상업적 사용을 제한하며, 외부의 조작으로부터 개인을 보호하기 위한 법률을 통과시키도록 정부에 촉구하고 있다. 여기에는 꿈을 조종하려는 시도도 역시 포함되어 있다. 이 단체를 공동 설립한 컬럼비아대학교의 신경과학자 라파엘 유스테Rafael Yuste는 빠르게 성장하는 신경기술 분야의 기업들이 뇌 데이터에 대해 약탈적인 태도를 보이고 있다고 경고했다. 실제로 신경과학재단은 소비자들에게 신경 데이터 소유권을 포기할 것을 요구하는 열여덟 개의 신경 기술 회사를 확인했다.

각국 정부도 이에 주목하기 시작했다. 2021년 칠레는 뇌 활동과 정보를 보호하기 위해 헌법을 바꾼 최초의 국가가 되었고, 다른 국가들도 입법을 고려하고 있다. 하지만 신경 기술의 잠재적 남용으로부터 개인을 보호하기 위해서는 전 세계적인 노력이 필수적이다. 유스테는 한 인터뷰에서 "이것은 공상 과학 소설이 아니다. 너무 늦기 전에 행동해야 한다"고 말했다.[9]

개개인으로서 우리는 꿈의 신성함을 보호하기 위한 조치를 취할 수 있다. 예를 들어 스마트폰, 스마트 스피커, 기타 전자 기기들로부터 잠재적인 메시지가 송출되지 않는 환경에서 잠을 자는 것 역시 하나의 방법이다. 또한 사용자 동의를 통해 우리의 신경 정보를 통제할 수 있는 기업의 신경 기술도 피해야 한다. 우리의 마음 상태에 대해 풍부한 통찰력을 제공하는 꿈이 외부의 상업적 이해관계에 휘둘리지 않도록 잘 관리해야 한다.

꿈의 해석

꿈보다 해몽, 꿈을 제대로 이해하는 법

이가 빠지는 꿈을 꾸면 누군가가 죽고, 꿈속에서 본 숫자로 복권을 사며, 헤어진 연인이 꿈에 나오기라도 하면 해몽을 인터넷에 검색해 보는 사람이 많다. 과연 이 꿈의 해석은 정말 맞는 걸까?

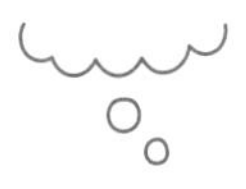

이 책을 집필하고 연구하는 과정에서 나는 꿈뿐만 아니라 신경과학 자체를 새로운 시각으로 바라보게 되었다. 지금껏 뇌를 진료하고 수술해오면서, 나는 뇌에 심각한 부상을 입었음에도 꿈의 힘이 여전히 지속되는 사례를 목격했다. 심지어는 난치성 발작에 대한 마지막 치료 수단으로 어쩔 수 없이 뇌의 절반을 들어낸 아이들이 여전히 꿈을 꾸는 것도 보았다. 어떤 상황에도 꿈은 자신을 드러낸다.

무엇보다도 꿈에 수반되는 독특한 신경화학적, 생리적 변화를 통해서만 가능한 경험은 꿈을 더 특별한 존재로 만든다. 우리에게는 오직 꿈을 통해서만 접근할 수 있는 정신적 세계가 있는 것이다. 그러니 깨어 있는 시간에는 아무리 노력해도 꿈을 꿀 때와 같은 방식으로 사고할 수 없다.

꿈에 주목해야 할 가치가 바로 여기에 있다. 우리는 다른 방법으로는 얻을 수 없는 통찰력을 꿈을 통해 얻을 수 있다. 꿈은 우리 인생에서 서로 다른 시기의 사람들, 서로 관련이 없어 보이는 사건들, 과거에 일어났던 일과 미래에 일어날 수 있는 일들을 연결할 수 있다. 내가 꿈에 의미와 목적이 있다고 확신하는 것은 꿈의 강력한 신경생물학 때문이다. 그렇기에 꿈을 고찰하는 것은 온전한 삶, 성찰하는 삶에서 중요한 요소가 된다. 적어도 내게는 그래왔다.

나처럼 뇌에 몰두하며 경력을 쌓아온 사람이라면 꿈 해석을 마치 운세와 비슷한 대중 심리학에 불과하다고 치부하며 거부할 거라고 생각했을 수도 있다. 실제로 나 역시 이 책을 집필하기 시작했을 때만 해도 그렇게 생각했다. 하지만 꿈을 꿀 때 뇌에서 일어나는 일에 대한 철저한 과학적 이해를 토대로, 이제는 꿈의 해석이 가능한 일이라고 믿는다. 그렇다면 과연 어떻게 해석을 해야 할까?

인터넷에는 꿈의 의미를 해석해준다는 풀이법이 넘쳐나고, 책들도 특정 꿈의 의미에 대한 획일적인 해답을 제시한다. 이런 접근 방식은 3,000여 년 전 고대 이집트에서 쓰인 108가지 꿈과 그 해석을 나열한 책과 거의 다르지 않다. 이 책에 따르면 달에 대한 꿈은 신이 당신을 용서한다는 의미의 길몽이고, 악어 고기를 먹는 꿈은 공무원이 되는 것을 의미했다. 거울에 비친 자신의 모습을 보는 꿈은 나쁜 징조로, 곧 다른 배우자를 찾아야 한다는 신호였다.

고대의 메소포타미아, 그리스, 로마 사람들은 꿈의 해석을 지성과 때로는 신성한 영감이 필요한 예술로 여겼다. 고대인들은 꿈이 신이나 죽은 자의 메시지라고 믿으며 꿈에 큰 의미를 부여했기 때문에 꿈에는 예언의 힘이 깃들어 있다고 믿었고, 꿈을 해석할 수 있는 사람들은 큰 존경을 받았다. 고대인들의 이러한 믿음은 지금까지도 건재한 것으로 보인다. 설문조사에 따르면 세 명 중 두 명은 꿈에는 미래를 예견하는 힘이 있다고 믿고 있기 때문이다.

지그문트 프로이트는 이러한 고대 해몽가들의 현대적 후손이다. 프로이트는 꿈을 신이나 내세로부터 받은 메시지가 아니라 무의식 속에서 억압된 욕망을 드러내는 것으로 생각했다. 프로이트 정신분석학의 전성기는 이미 지나갔지만, 꿈에는 어떤 중요한 정보를 제공하는 힘이 있다는 믿음은 현대 신경과학의 정교한 도구와 연구들로 여전히 살아남아 뒷받침되고 있다.

나 역시 꿈이 자기 인식의 귀중한 원천이라고 믿는다. 점점 더 많은 신경과학자와 심리학자들이 우리가 꿈에서 배울 수 있는 것이 많다고 믿고 있다. 이들의 연구들은, 비록 그동안 알려져 왔던 방식의 해몽은 아닐지라도, 꿈의 해석이 깨어 있는 삶에 의미 있는 정보를 제공할 수 있다는 것을 보여준다.

해몽 사전이 쓸모없는 이유

✳

인터넷에는 꿈을 해석해주는 웹사이트가 이미 넘칠 정도로 많다.

그래서 언제든 자신의 꿈뿐만 아니라 어떤 꿈이든 그 꿈의 진정한 의미에 대한 해석을 쉽게 찾을 수 있다. 나뭇잎 꿈은 무엇을 의미할까? 한 웹사이트에서는 계절에 따라 나뭇잎이 변하는 것처럼 무언가가 끝나고 다시 시작한다는 뜻이라고 해석한다. 또 다른 사이트는 갱생과 회복의 신호라고 얘기한다. 또 어떤 곳은 성장과 개방의 신호라고 말한다. 모두 어느 정도 일리가 있는 것처럼 들리는데, 과연 어떤 해석이 맞을까?

해몽 웹사이트는 모호함과 구체성을 교묘하게 혼합하여 어떤 해석이라도 개인의 상황에 끼워 맞추기 쉽게 만들어 놓는다. 생각해 보면 인생은 항상 무언가의 시작과 종료의 연속이지 않은가? 우리 누구나 새로움, 즉 성장과 개방성과 연관되기를 원하지 않는가? 인간은 본능적으로 일반적인 설명을 자신의 상황에 맞게 개인화하며 받아들인다. 별자리 운세도 마찬가지다. 우리는 모호한 설명을 자신에게 맞게 해석하려고 한다.

사실, 똑같은 꿈이라도 사람마다 또는 인생의 어느 단계에 와 있느냐에 따라 다양한 의미로 해석할 수 있다. 나는 최근에 다리 위를 걷는 꿈을 꿨다. 인터넷에서 다리의 의미를 찾아보니 나뭇잎 꿈과 비슷한 해석을 찾을 수 있었다. 한 웹사이트에서는 다리를 '마치 환생과 같이 한 상태에서 다른 상태로 전환하는 것'을 상징한다고 설명했다. 또 다른 웹사이트에서는 자신의 삶을 돌아볼 때가 되었다는 영적인 메시지이거나 대부분의 어려움을 극복할 수 있다는 징조라고 설명하고 있으며, 또 다른 사이트에서는 다리가 인생의 전환

점이 될 것이라는 의미라고 얘기한다. 비유적으로 다리는 결혼, 양쪽이 하나가 되는 것, 수술 불가능한 암 환자에게는 천국과의 연결 등 많은 것을 암시할 수 있다.

깨어 있을 때 우리의 정신이 기억, 일상의 경험, 감정 상태의 독특한 산물인 것처럼, 꿈꾸는 정신도 마찬가지다. 넘어지거나, 늦게 도착하거나, 쫓기는 등 많은 사람이 경험하는 꿈도 있지만 기본적으로 꿈은 개인적인 것이다. 꿈은 인생의 특정 순간에 뇌가 만들어내는 산물이며, 인생의 계절에 따라 변화한다. 그러므로 꿈의 주제 혹은 꿈속의 시각적 요소가 같다고 해서 다른 이들이 꾸는 꿈과 그 의미가 같을 것이라 기대하는 것은 현실적이지 않다.

꿈에서 같은 이미지가 개인마다 다른 의미를 갖는 데에는 신경학적 이유도 있다. 지금까지 알아본 바와 같이, 전두엽에 있는 내측 전전두피질은 우리의 경험에 의미를 부여한다. 우리의 내측 전전두피질은 기능은 같지만 각자의 마음속에 있는 재료에 따라 만들어내는 것이 다르다. 꿈을 꿀 때 우리는 다양한 시각, 소리, 기억, 감정을 취해 개인적으로 의미 있는 무언가로 합성한다. 뇌는 콘텐츠를 제공하고 마음은 의미를 제공하는 것이다.

그 의미는 바로 당신이 만들어낸 것이며 오직 당신에게 고유한 것이다. 다시 말해 꿈을 해석할 수는 있지만, 통역사 역할을 할 수 있는 사람은 오직 한 사람, 바로 나 자신뿐이다.

다섯 가지 꿈의 유형

✳

꿈의 내용은 우리의 감정에 따라 다양한 형태로 흘러가지만, 대체로 다섯 가지 범주로 나눠볼 수 있다. 나는 꿈을 해석할 때 가장 먼저 해석하고자 하는 꿈이 다섯 가지의 꿈 유형 중 어디에 속하는지부터 파악한다. 각 유형에 따라 서로 다른 접근 방식이 필요하기 때문이다. 하나씩 살펴보자.

명확한 꿈

가장 먼저, 의미가 명확하게 드러나는 꿈이다. 다음 날 시험을 치르는데 알람이 울리지 않는 꿈을 꾼다면 그 의미는 분명하며 쉽게 해석할 수 있다. 시험에 대한 스트레스가 꿈을 촉발한 것이다. 알몸으로 연설하는 꿈이나 꼭 타야 하는 비행기를 놓치는 꿈 등도 마찬가지인데, 모두 삶에서 임박한 사건에 대한 심리적 반응일 수 있다.

장르적인 꿈

두 번째로 연구자들이 장르적인 꿈genre dream이라고 부르는 꿈이다. 이는 우리가 삶에서 심오한 변화를 겪는 단계와 연관되어 있고, 이러한 장르적인 꿈은 그 의미가 매우 명확하므로 별다른 해석이 필요하지 않다. 장르적인 꿈은 크게 두 가지 범주로 나뉘는데, 임신에 관한 꿈과 죽음에 관한 꿈이다.

① 임신에 관한 꿈

당연히 임산부의 꿈은 임신, 출산, 신체의 구조, 엄마가 되는 것과 관련된 주제가 중심을 이룬다. 임신 마지막 달의 여성은 아기와 성별에 대한 구체적인 꿈을 꿀 가능성이 높다. 그러나 아직 이 꿈들이 정확한지에 대해 명확한 답을 제시하는 연구는 없다. 한 연구에서는 아이의 성별에 관한 꿈을 꾼 여덟 명의 여성이 모두 아이의 성별을 맞혔다는 결과가 나왔지만, 다른 연구에서는 이를 예측하는 데 있어 꿈보다 동전 던기기가 오히려 정확성이 더 나았다는 결과가 나왔다.

또한 임산부는 꿈에서 아기와 소통하기도 하는데, 심지어 아기가 엄마에게 자신의 이름을 알리는 꿈을 꾸었다고 보고한 사례도 있다. 이른바 '태몽'에는 풍부한 역사가 있다. 예를 들어 페루 아마존의 에세 에자Ese Eja족은 아이의 이름에 관한 꿈을 꾸고 이름을 짓는 것이 전통이다. 이들도 꿈에서 동물들이 엄마에게 아이의 '진짜 이름'을 알려준다고 믿는다.

출산 후 산모는 불안과 스트레스, 수면 부족으로 인해 종종 부정적인 꿈이나 악몽을 꾸곤 한다. 산모들이 흔히 꾸는 악몽 중 하나는 아이가 침대의 어딘가에서 사라져 질식당하는 꿈으로 '침대 속 아기' 악몽으로 불린다. 꿈속에서 엄마는 이불 속에서 사라진 아이를 찾기 위해 이불을 미친 듯이 뒤진다. 잠에서 깨어나 아이가 이불 속에 갇혀 있지 않다는 것을 알고 난 뒤에도, 아기를 확인해야 한다는 강박에 시달리는 경우가 많다.

② 죽음에 관한 꿈

장르적인 꿈의 또 다른 유형인 죽음에 관한 꿈은 죽음을 앞둔 사람들이 흔히 꾸는 꿈이다. 이들은 세상을 떠난 가족, 반려동물 또는 다른 가족 구성원에 대한 생생한 꿈을 꾼다고 보고한다. 이러한 꿈은 꿈을 꾸는 이에게 종종 희망과 위로, 기쁨과 평온을 가져다주며, 자신에게 닥칠 일을 수용하고, 삶을 정리하며 가족과 화해하여 평화롭게 죽음을 맞이할 수 있도록 이끌어준다.

뉴욕의 한 호스피스 및 완화 치료 센터에서 환자들을 대상으로 수집한 꿈에 관한 보고서에서 죽음과 관련한 꿈의 공통적인 주제를 발견할 수 있었는데, 여기에는 위로가 되는 존재가 나타나는 꿈이 포함되었다. 한 여성은 세상을 떠난 여동생이 침대 옆에 앉아 있는 꿈을 꾸었고, 임종을 앞둔 한 남성은 오래전에 돌아가신 어머니가 자신을 달래며 "사랑한다"고 말하는 꿈을 꾸었다. 꿈이 너무 현실적이어서 어머니의 향수 냄새를 맡고 있다는 착각이 들 정도였다고 한다. 다른 사람들은 마지막 날에 자신을 지켜보는 꿈을 꾸었다. 한 환자는 남편과 죽은 여동생과 함께 아침 식사를 하는 꿈을 꾸었고, 다른 사람은 이미 세상을 떠난 아버지와 두 형제가 그를 조용히 안아주는 꿈을 꾸었다.

다른 호스피스 환자들은 생의 마지막 나날에 어딘가로 떠날 준비를 하거나 죽은 친척과 친구들이 자신을 기다리는 꿈을 꾸기도 했다. 숨을 거두기 3일 전, 한 여성은 자신이 계단 꼭대기에 있는 꿈을 꾸었는데, 죽은 남편이 계단 밑에 서서 그를 기다리고 있었다. 일부 환자들은 아직 삶을 마칠 준비가 되지 않았다고 말했지만, 대부분의 꿈은 이들에게 위안을 주었다.

사랑하는 이를 잃고 슬픔에 잠긴 사람들이 세상을 떠난 사람이 평화롭고 아픈 곳 없는 건강한 모습으로 나타나는 꿈을 꾸는 경우도 자주 보고된다. 이런 꿈은 아주 의미 있고 영적인 경험으로 여겨지며, 상실을 받아들이고 편안함을 느끼게 하며 슬픔을 감소시킨다.

보편적인 꿈

세 번째 유형은 보편적인 꿈으로 앞서 살펴본 악몽과 야한 꿈이 여기에 속한다. 2장에서 설명한 것처럼 트라우마를 경험하지 않은 아이들은 어떤 병리적 이상이 아니라 정신적 성숙 과정의 일부로 악몽을 꾼다. 악몽은 우리의 정신 상태를 반영할 때가 많기 때문에 불안과 우울증이 있는 성인은 악몽을 더 자주 꾸는 경향이 있다. 악몽은 우리의 감정 상태를 알려줄 수 있다. 새로운 악몽이 시작된다면, 이는 우리의 정신적 건강 상태를 측정하는 온도계 역할을 할 수 있다. 지금까지 살펴본 바와 같이 트라우마와 관련된 악몽은 우리가 일어난 일을 얼마나 잘 극복하고 있는지 알 수 있는 척도가 된다. 트라우마로 인한 꿈은 종종 사건 자체 또는 그와 유사한 사건의 재연으로 나타나는데, 트라우마 이후 꿈이 은유적으로 변할수록 꿈을 꾸는 사람이 트라우마 사건을 감정적으로 잘 처리하고 있는 것으로 간주한다.

악몽과 마찬가지로 누구나 살아가면서 한번씩은 야한 꿈을 꾼다. 3장에서 얘기한 것처럼, 야한 꿈은 대부분 아무런 제한이나 도덕적 판단 없이 상상력을 발휘한 결과물일 뿐이다. 바람을 피우는 꿈을 꾼다고 해서 관계의 불행을 의미하지 않으며, 꿈속 욕망의 대상에게 감정이 기울고 있다는 뜻도 아니다. 더 중요한 것은 파트너가 이런 꿈을 꿨을 때 당신의 반응이다. 불륜을 저지르는 꿈은 듣기만 해도 속상하지만, 오히려 그 꿈 자체보다는 현재 당신과 파트너의 관계가 얼마나 단단한지가 야한 꿈을 꾼 이후의 친밀도에 영향을 미친다.

비감정적인 꿈

네 번째 유형은 감정과 관련이 없는 꿈이다. 꿈에 얽힌 강력한 감정을 짚어낼 수 없다면 이런 종류의 꿈에서는 의미를 찾기가 어려울 수 있다. 여기서 이야기하는 감정은 꿈속에서 드러나는 감정이 아닌, 꿈을 꾸고 난 뒤 당신이 느끼는 감정에 관한 것이다.

꿈이 기억나긴 하지만 이에 대한 당신의 감정이 중립적이거나 약하다면, 이 꿈을 돌아보는 건 별로 의미가 없다고 생각한다. 깨어 있는 동안 꿈속의 평범한 순간을 분석하는 데 시간을 할애할 필요는 없다. 강력한 감정을 불러일으키는 꿈을 따라가면 된다.

이런 맥락에서 어떤 꿈들은 이미지나 사건 또는 인물이 뒤섞여 있고, 감정적으로 중립적이거나 불분명하다. 이러한 꿈은 마치 정신의 정전기처럼, 낮 동안의 풍부하고 우연적인 생각이 축적되어 만들어진 이미지들이다. 나는 이러한 꿈을 굳이 해석할 가치는 없다고 생각한다.

감정적인 꿈

다섯 번째이자 마지막 꿈 유형은 우리에게 가장 풍부한 성찰의 원천을 제공한다. 바로 일관된 줄거리가 있고 종종 뚜렷한 중심적 이미지가 있는 감정적인 꿈이다. 이런 꿈은 꿈의 줄거리가 깨어 있는 동안의 일상 속 무언가와 명백하게 연결되는 '명확한 꿈'과는 달리, 현실과 동떨어진 모습을 하고 있을 수 있기 때문에 해석하는 데 노력이 필요하다.

감정과 관련된 꿈에 초점을 맞춤으로써 자신에게 중요한 의미가 있을 수 있는 꿈에 집중해보자. 해석할 꿈을 찾을 때 감정적인 꿈으로 그 범위를 좁힌다면, 자신에게 가장 의미 있는 꿈에 집중할 수 있다. 꿈이 깨어 있을 땐 불가능할 정도의 감정을 느끼게 해준다는 사실을 기억한다면 꿈에서 깨어난 후에도 영향을 미칠 수 있다는 사실은 놀랍지 않다. 누구나 감정적으로 강렬한 꿈을 꾼 후에 슬프거나 불안한 채로 깨어나거나, 혹은 엄청 기쁜 마음으로 잠에서 깬 경험이 있을 것이다. 그런 꿈을 꾸고 나면 나중에 그 꿈에 대해 생각하거나, 문득 그 꿈을 떠올렸을 때 당시의 감정이 함께 느껴진다. 이렇듯 쉽게 무시할 수 없는 꿈은 해석해볼 필요가 있다. 이런 꿈이 마음속 깊은 심리적 세계로 통하는 문이 되어줄 수 있기 때문이다.

하지만 이러한 꿈을 해석하는 방법을 얘기하기 전에 한 가지 주의할 점은 꿈이 올바르게 해석되었는지 객관적으로 증명할 방법이 없다는 것이다. 꿈의 해석이 현실과 일치하는지 확인할 수 있는 뇌 영상 검사가 있는 것도 아니고, 혈액 검사나 뇌파 검사로 답을 알 수 있는 것도 아니다. 그러니 이 역시 너무 맹신하지 않는 것이 좋다.

꿈을 해석하려면 먼저 꿈을 기억해야 한다. 앞서 배운 대로 잠들기 전에 꿈을 꾸고, 꿈을 기억하고, 꿈을 적겠다고 스스로 다짐하라. 잠에서 깨어나면 오늘 할 일을 생각하기 전에 꿈에 대해 기억할 수 있는 내용을 적어라. 스마트폰에 꿈 일기를 기록하는 것도 좋은 방법이다. 잠에서 깨자마자 스마트폰에 쌓인 소셜미디어 알림을 확인하는 대신 가장 먼저 꿈에 대해 떠올리고 기록해보라. 우리 대부분은 꿈을 떠올리려고 애쓰다가 꿈이 사라져버린 경험이 있을 것이다. 처음에는 몇 가지 단편적인 부분만 기억할 수 있을지도 모른다. 꿈을 기록하는 것을 매일 습관화하면 시간이 지남에 따라 꿈을 기억하기가 더 쉬워지고 기억력도 빠르게 향상될 것이다.

보통 아침에 일어나서 꿈을 기록하기 때문에 우리가 기록하는 꿈은 수면의 마지막 렘수면 단계에서 꾼 꿈일 가능성이 높다. 밤이 깊어짐에 따라 잠든 직후 깨어 있는 동안 있었던 일과 연관된 꿈에서 늦은 밤의 더 길고 감정적이며 기억의 초연결적 꿈으로 변해간다. 영국의 연구자 조시 말리노프스키Josie Malinowski는 잠에서 깨어나기 전 마지막 렘수면에서의 꿈이 가장 감정적이고 상징적이며 개인적으로 가장 중요한 꿈이라는 사실을 발견했다.[1]

꿈을 해석하는 법

✳

꿈을 해석하려면 꿈이 어떻게 만들어지는지 기억해야 한다. 앞서 살펴본 것처럼, 꿈은 매일 밤 일어나는 뇌의 활성화와 신경전달물질의 변화로, 고도로 감정적이고 시각적이며 창의적인 사고를 통해 만들어진다. 이러한 감정과 시각적 연결은 나로부터 나오는 것들이다. 따라서 꿈은 자기 자신이 만들어내는 것이기 때문에 스스로 충분히 해석할 수 있다. 나는 꿈을 이해하기 위해 꿈의 감정적, 시각적 측면, 즉 꿈의 핵심적 특성에 초점을 맞춘 2단계 접근법을 고안해냈다. 이 두 가지 요소를 강조하는 것은 꿈에서 경험하는 시각적, 감정적 경험이 일상에서는 느낄 수 없는 정도의 강도까지 도달하기 때문이다. 이는 세상을 떠난 어니스트 하트만이 개척한 접근법[2]으로, 최근 꿈을 꾸는 동안 일어나는 뇌의 활성화에 관한 신경과학 연구와 수천 건의 꿈에 대한 보고를 분석했을 때 자주 나타나는 패턴을 통해 충분히 검증된 방법이다.

① 꿈속의 감정 살피기

먼저 꿈의 주된 감정과 감정적 강도를 살펴본다. 그 감정은 분노, 불안, 죄책감, 슬픔, 무력감, 절망, 혐오감, 경외감, 희망, 안도감, 기쁨 또는 사랑일 수 있다. 때때로 꿈은 한 가지가 아니라 여러 가지 감정을 만들어낸다. 꿈속에서 가장 강렬하게 느꼈던 감정에 초점을 맞춰라. 감정의 강도가 강할수록 꿈이 더 중요하다는 뜻이다.

원초적인 감정과 정서적 관심사가 우리 뇌에서 꿈을 꾸는 과정을 형성하고 주도한다. 강렬한 꿈을 꾸는 동안 감정 변연계가 고도로 각성된 상태라는 점을 생각했을 때, 나는 꿈의 지배적인 감정이 우리가 꿈에서 만들어내는 광범위하고 종종 비합리적인 연상을 유도한다고 생각한다. 스트레스를 받거나 불안한 상태라면 꿈에 이러한 감정 상태가 반영되어 불쾌한 꿈을 꾸게 될 가능성이 더 높다. 이러한 꿈에 수반되는 이미지와 줄거리는 그 감정에는 들어맞을 수 있지만, 스트레스나 불안의 원인과는 거의 관련이 없는 경우가 많다. 새로운 일을 앞두고 두려움이 앞설 때 위험한 산길을 따라 오르는 꿈을 꾼다거나, 주식 시장이 좋지 않을 때 돈에 대한 꿈이 아닌 추락하거나 쫓기는 꿈을 꾸는 것도 이러한 이유에서다.

② 꿈의 중심적 이미지를 생각하기

두 번째 단계는 꿈의 중심 이미지에 대해 생각하는 것이다. 감정과 마찬가지로 꿈을 꾸는 동안 뇌의 시각 중추가 강력하게 활성화된다. 꿈은 이미지를 상황에 맞게 맥락화하는 방식으로 이미지와 감정을 연결한다. 꿈의 중심이 되는 이미지를 직관적으로 해석하기보다 은유, 즉 다른 것에 빗대어 상징하는 이미지라고 생각하자. 꿈은 깨어 있을 때와는 다른 형태의 인지이기 때문에 가끔 기묘하긴 해도 다른 방법으로는 불가능한 방식으로 우리의 생각과 경험을 드러낸다는 점을 기억하는 것이 중요하다. 예를 들어, 성폭행을 경험한 사람은 피해 당시와 같은 종류의 공포와 무력감을 불러일으키는 이미지, 이를테면 토네이도에 휩쓸려가는 식의 꿈을 꿀 수도 있다. 한 사례 연구에서는 심장 질환으로 큰 수술을 앞둔 한 남성이 소 전체의 4분의 1이 배달되어 자신과 딸, 그의 전 상사가 소고기를 어떻게 잘라 보존할지 결정하는 꿈을 보고한 적이 있다. 이는 임박한 수술에 대한 꿈이라고밖에 생각할 수 없다.[3]

감정적인 꿈의 다양한 해석법

*

종종 우리의 뇌는 꿈을 꿀 때 비슷한 감정을 느꼈던 다른 시기의 경험에 대한 기억을 끄집어내어 그 경험의 이미지를 떠올리는 것처럼 보인다. 베트남 참전 용사들은 종전 후 몇 년이 지나 결혼 문제로 스트레스를 겪을 때 전쟁에 관한 꿈을 꾸는 경우가 많았다. 전쟁이 현재의 결혼 생활에 대한 은유로 꿈에서 나타난 것이다. 참전 용사들의 감정이 이러한 꿈을 이해하는 열쇠였다.

다른 주요한 인생의 사건들도 강한 감정, 그리고 그에 상응하는 맥락화된 이미지를 만들어낼 수 있다. 9.11 테러 사건 이후 보고된 꿈들은 비행기나 세계무역센터에 관한 것이 아니라 다른 방식으로 위협을 받는 줄거리를 담고 있었다. 코로나19 봉쇄 기간에는 바이러스나 팬데믹 그 자체에 대한 꿈보다는, 미로로 변한 슈퍼마켓에 갇히는 꿈처럼 어디엔가 갇혀 있는 꿈이 더 많이 나타났다.

한 과학 문헌에는 어머니가 사망한 지 일주일이 지난 두 여성이 꾼 꿈에 대한 보고가 나와 있다.[4] 한 여성은 가구가 없는 빈집에 문과 창문이 열려 있고 바람이 불어오는 꿈을 꾸었고, 다른 여성은 집 앞에 큰 나무가 쓰러지는 꿈을 꾸었다. 빈집과 쓰러진 나무는 모두 두 여성이 경험한 상실의 상징이었다. 꿈에서 빈집이나 쓰러진 나무에 대한 해석을 인터넷에서 찾아보면 여러 가지 설명이 있다. 하지만 당시 이들이 겪은 상황을 고려할 때, 꿈에서 슬픔과 상실감을 처리하고 있었다는 데 의심의 여지가 있을까.

남아프리카 공화국의 정치범에서 대통령이 된 넬슨 만델라가 로벤섬에 수감되어 있는 동안 그의 어머니와 장남이 사망했다. 그 후 그는 앞의 여성들과 비슷한 꿈을 꿨다. 요하네스버그의 감옥에서 풀려난 후 인적이 드문 도시를 걷다가 몇 시간 후 소웨토(남아프리카 공화국 하우텡주에 있는 도시)에 있는 자신의 집에 도착했는데 모든 문과 창문은 열려 있지만 아무도 없는 유령의 집이 되었음을 발견하는 꿈이었고, 그는 꿈을 반복적으로 꿨다.[5]

학교 기말시험과 관련된 흔한 꿈을 다시 떠올려보자. 늦잠을 자서 시험을 놓쳤거나, 지각했거나, 엉뚱한 교실에 도착했거나, 잘못된 자료를 공부했을 수도 있다. 아니면 시험장에 알몸으로 나타나거나 시험지에 생전 처음 보는 언어로 문제가 쓰여 있을 수도 있다. 실제 시험 전날 밤에 이런 꿈을 꾼다면 이는 시험에 대한 불안감의 단순한 산물일 뿐이다. 하지만 이런 꿈은 중년이 되어서도 많은 사람에게 지속된다. 학교를 졸업한 지 한참이 지난 후에도 이런 꿈을 꾸는 이유는 무엇일까? 이런 불안하게 하는 꿈이 일상과 어떻게 관련되어 있을까?

꿈의 두 가지 기본 요소로 돌아가 보자. 첫 번째는 꿈의 주요한 감정의 종류와 그 세기다. 이러한 꿈은 일반적으로 강렬한 불안이나 공포를 불러일으킨다. 두 번째는 중심적인 이미지, 즉 학교에서의 시험이다. 여기서는 은유적으로 생각하는 것이 중요하다. 더 이상 학생이 아니라면, 학교나 시험에 관한 꿈은 아닐 가능성이 높다. 참전 용사들이 결혼 생활에 문제가 생겼을 때 전쟁에 관한 꿈을 꾼 것처럼, 현재의 불안은 우리가 무언가에 대해 불안해하던 시절을 떠올리게 한다.

하버드대학교의 심리학자 디어드리 배럿은, 시험이란 권위를 가진 누군가에게 우리의 성과를 평가받고 합격할지 실패할지가 결정되는 시간이라고 말한다. 꿈속에서 시험을 치는 이미지는 누군가 당신을 시험하거나 판단하고 있다고 느껴지는 감정이 드러난 것일 수 있다. 이런 꿈을 꾸고 있다면 누군가의 기대에 부응하지 못할까 봐 걱정하고 있는 것은 아닌지 스스로 생각해보는 것이 좋다.

배럿은 우리가 당혹감, 스트레스, 부적응과 같은 또 다른 깊은 감정을 처음 경험한 곳이 학교일 수 있다고 말한다. 그렇다면 학교나 시험이 나이와 상관없이 은유적인 이미지로 꿈에서 작용하는 것은 어쩌면 당연한 일이다. 꿈의 기능 중 하나는 기억을 처리하고 새로운 경험이 오래된 경험과 어떻게 어울리는지 측정하는 것이다. 기말고사를 치르는 꿈은, 우리의 뇌가 현재의 불안을 측정하기 위해 과거에 엄청난 불안을 불러일으켰던 두려움을 떠올리는 것일 수 있다.

꿈의 의미를 생각하는 데에는 성찰과 자기 인식이 필요하다. 꿈은 우리 자신을 더 깊이 들여다보고 꿈이 우리에게 무엇을 말하고 있는지 살펴보도록 이끈다. 꿈의 의미를 살펴보는 데 시간을 들이면 우리 자신의 감정에 대한 인식과 수용력을 높이고, 삶에 대한 중요한 통찰력을 얻을 수 있으며, 더 큰 행복감을 느낄 수 있다.

꿈은 초월적인 힘을 가지고 있다

2016년, 낙상 후 밴쿠버 종합병원으로 이송된 87세의 한 남성이 발작을 일으키기 시작했다. 의사들은 그의 두피에 뇌파 측정기를 연결하여 발작의 원인을 살폈다. 그리고 의사들은 이 뇌파 모니터링을 통해 예상치 못한 심오한 사실을 알게 되었다.

뇌파 측정기에 연결 되어 있는 동안 남성의 심장은 펄떡거리다가 돌연 멈추고 말았다. 그는 생전에 심폐소생술을 하지 말라는 '소생술포기DNR, do not resuscitate' 각서에 서명을 한 상태였고, 그 서명에 따라 의료진들은 환자를 소생시키기 위한 그 어떠한 조치도 취하지 않았다. 그의 심장이 멈추고 몸이 점점 창백해져가는 생의 마지막 순간에도 뇌파 측정기는 여전히 그의 뇌 활동을 기록하고 있었다.

그리고 이 죽어가는 환자의 뇌파가 실로 놀라운 것을 보여주었다.

의사와 과학자들은 생명의 불씨가 꺼져가는 동안 다른 신체기관의 기능이 서서히 멈추는 것처럼, 뇌 역시 그 활동이 거의 없거나 금방 사그라들 거라고 생각했다.

하지만 이 남성의 뇌파는 심장이 멈춘 후 30초 동안 격렬한 신호를 보였고, 이는 기억을 회상할 때나 꿈을 꿀 때 볼 수 있는 파동과 비슷했다. 다른 연구에서도 비슷한 결과가 보고되고 있는데, 이는 흥미로운 가능성을 제시한다. 바로, 죽음 자체가 하나의 마지막 꿈을 선사할 수도 있다는 것, 그리고 우리가 그저 잠잠히 영원한 밤의 저편으로 사라지는 게 아니라는 것이다.

역사를 통틀어 꿈은 초자연적인 존재의 산물, 즉 신이나 영혼이 잠자는 우리의 마음에 전달한 환상으로, 우리 자신과 세상에 대한 근본적인 무언가를 드러내는 것으로 여겨졌다. 고대 문화권에서 꿈을 초자연적인 현상으로 여겼던 것도 사실 완전히 틀린 것은 아니다. 실제로 꿈은 우리 모두가 공유하는 초능력이며, 각자가 스스로를 위해 만들어내는 독특한 세계이니 말이다.

오늘날의 우리도 다르지 않다. 우리도 꿈의 힘을 느낀다. 꿈은 우리에게 진화하고 성장할 기회를 제공한다. 삶에 의미와 풍요로움을 더하고, 자신과 타인에 대한 통찰력을 제공하며, 낮 동안 숨겨져 있던 것을 드러내고, 새로운 이해와 창의성의 길로 인도할 수 있는 잠재력을 갖고 있다. 꿈은 삶의 필수적인 단계와 그 단계를 수놓는 강렬한 감정의 순간에 등장하여 삶의 의미를 드러낸다.

꿈은 뇌의 감정 중추를 깨어 있는 동안에는 불가능한 강도와 속도로 움직이게 한다. 상상력 네트워크는 이 밤의 여행에서 그 어느 때보다 활발하고 자유롭다. 일상생활에서 우리는 종종 감정을 효과적인 의사 결정이나 생산성을 높이는 데 방해가 되는 것으로 생각하지만, 실제로 우리의 최적화된 의사 결정은 감정에 의존한다. 상상력이 없으면 사회적 인식과 상황 인식이 부족해지며, 감정 변연계가 손상된 환자들은 아예 어떤 의사 결정도 내리지 못하기도 한다. 즉, 꿈에서만 가능한 극한의 감정적인 경험은 자기 성찰과 이해를 위한 독특한 통로를 제공할 잠재력을 가지고 있다.

우리의 의식과 자아감을 만들어내는 뇌는 매일 밤 습관의 제약과 일상적 존재의 한계로부터 해방된다. 이 책은 꿈을 꾸는 뇌에 관해 우리가 알고 있는 것을 살펴보는 것뿐 아니라, 꿈속의 세상이 깨어 있는 삶과 어떻게 관련되어 있는지 탐구하는 것을 가장 중요한 목표로 삼았다. 꿈을 꾸는 자아와 깨어 있는 자아는 분리되어 있지 않으며, 이들이 서로 어떻게 연결되어 있는지 이해함으로써 우리는 오히려 꿈의 힘을 제대로 이해할 수 있다.

꿈은 우리의 사고, 감정, 본능의 다양성을 향상할 수 있는 정신적 능력을 키워준다. 꿈속의 삶은 우리의 시야를 넓혀주며, 꿈의 야생성은 우리에게 중요한 진화적 이점인 적응력을 제공한다. 이 개개인의 천재성은 인간의 시스템에 내장되어 있다.

신경과학의 엄청난 진전으로 뇌를 실시간으로 모니터링하는 데 필요한 도구에도 눈부신 발전이 이루어졌다. 이제 우리는 단일 뉴런의 수준까지 활동을 기록할 수 있다. 꿈을 꾸는 뇌의 신비에 관한 연구에 조명을 비춘다고 해서 그 신비가 희미해지거나 무뎌지지는 않는다. 오히려 그 반대다. 이전과는 비교할 수 없을 정도로 꿈을 이해할 수 있게 된 지금, 꿈은 더욱 눈부시고 신비로워졌다.

이 책에서 나는 우리가 꿈을 꾸는 이유와 그 방식, 그리고 우리가 몰랐던 꿈의 복잡성을 설명하려고 노력했다. 인간 두뇌에 대한 가장 정교한 측정법이 활용되고 있지만, 아직 우리는 단지 꿈의 세상을 엿보기만 했을 뿐이다.

나는 매일 외부의 세계뿐만 아니라 나의 내면세계도 탐구하려고 노력한다. 꿈속에서 탐험하는 야생의 세계는 길들이거나 무시해야 할 방해물이 아니다. 꿈은 의식, 인지, 감정의 깊이와 복잡성을 보여줌으로써 나의 온전한 자아가 드러날 수 있게 해준다. 꿈과 꿈꾸는 것의 의미를 숙고하는 것은 곧 삶의 의미를 탐구하는 것이다. 가장 무서운 관념에서부터 초월적인 계시에 이르기까지, 꿈이 제공하는 놀랍도록 넓은 폭과 끝없는 깊이는, 우리의 마음이 우리에게 주는 위대한 선물이라고 믿는다.

항상 영감을 주고 나와 비전을 공유하는 베네치아 버터필드Venetia Butterfield. 이 책의 잠재력을 믿으며 뛰어난 편집력을 보여준 니나 로드리게스마티Nina Rodríguez-Marty. 아이디어 구상부터 인쇄까지, 그리고 너무도 자주 간과되는 출판의 수많은 중요한 단계를 진행해 준 안나 아르제니오Anna Argenio. 나의 원고를 더욱 완성도 있게 만들어준 바네사 판Vanessa Phan. 편집장으로서 중요한 역할을 해준 로리 입 펑 천Laurie Ip Fung Chun. 이 원고를 영국과 전 세계에 멋지게 소개해준 앨리스 듀잉Alice Dewing과 아니아 고든Ania Gordon. 이 책의 가치를 미국 언론에 알려 책의 파급력을 높여준 줄리아 포크너Julia Falkner. 레이븐 로스Raven Ross는 미국에서의 마케팅을 세심하게 추진해 주었고, 아멜리아 에반스Amelia Evans, 모니크 코리스Monique Corless를 비롯한 펭귄 출판사 판권팀의 팀원들은 이 책의 가치를 전 세계에 알리려고 노력해주었다. 여기에 추진력을 더해준 리처드 킬가리프Richard Kilgariff, 책의 구상과 제작에 함께해준 데이비드 스틴 마틴David Steen Martin에게도 감사의 마음을 전한다.

꿈 그 자체, 그리고 우리가 어떻게 꿈을 꾸는지에 대해 깊이 탐구하는 데 이해의 토대가 되는 보고서, 출판물, 과학기술은 아직 모든 인류의 폭을 충분히 담지 못하고 있으며, 더 귀 기울여야 할 중요한 이야기가 많이 남아 있다는 점을 인식해야 한다. 나는 과학계가 더 다양한 목소리를 포용함으로써 얻은 귀중한 통찰로 우리가 꿈을 꾸는 이유에 대해 더 깊게 이해할 수 있게 되기를 기대한다. 우리 모두의 꿈과 마찬가지로, 이 책은 100퍼센트 사람이 창조해 낸 결과물이다.

참고문헌

1장_ 꿈과 진화 • 당신이 꿈을 꾸는 이유

1 Pace-Schott, Edward F., "Dreaming as a Storytelling Instinct", Frontiers in Psychology, April 2, 2013

2 Hall, Calvin S. and Van de Castle, Robert L., The Content Analysis of Dreams, Appleton-Century-Crofts, 1966

3 Domhoff, William, and Schneider, Adam, "Are Dreams Social Simulations? Or Are They Enactments of Conceptions and Personal Concerns? An Empirical and Theoretical Comparison of Two Dream Theories," Dreaming, 2018

4 Bowe-Anders, Constance et al., "Effects of Goggle-Altered Color Perception on Sleep", Perceptual and Motor Skills, February 1974

5 De Koninck, Joseph et al., "Vertical Inversion of the Visual Field and REM Sleep Mentation," Journal of Sleep Research, March 1996

6 Arnulf, Isabelle et al., "Will Students Pass a Competitive Exam That They Failed in Their Dreams?", Consciousness and Cognition, October 2014

7 van der Helm, Els et al., "REM Sleep Depotentiates Amygdala Activity to Previous Emotional Experiences", Current Biology, December 6, 2011

8 Cartwright, Rosalind,et al "Broken Dreams: A Study of the Effects of

Divorce and Depression on Dream Content", Psychiatry, 1984.
9 Flinn, Mark V., "The Creative Neurons", Frontiers in Psychology, November 22, 2021
10 Hoel, Erik, "The Overfitted Brain: Dreams Exist to Assist Generalization", Patterns, May 14, 2021

2장_ 꿈과 공포 • 당신에겐 악몽이 필요하다

1 "Nightmare on Science Street," Science Vs podcast, June 9, 2022
2 Elder, Rachel, "Speaking Secrets: Epilepsy, Neurosurgery, and Patient Testimony in the Age of the Explorable Brain, 1934 – 1960," Bulletin of the History of Medicine, Winter 2015
3 Chen, Wanzhen et al., "Development of a structure-validated Sexual Dream Experience Questionnaire (SDEQ) in Chinese university students," Comprehensive Psychiatry, January 2015
4 Moore, Rebecca S. et al., "Piwi/PRG-1 Argonaute and TGF-⊠ Mediate Transgenerational Learned Pathogenic Avoidance," Cell, June 13, 2019
5 Arzy, Shahar, et al., "Induction of an Illusory Shadow Person," Nature, September 2006
6 Krakow, Barry, et al., "Imagery Rehearsal Therapy for Chronic Nightmares in Sexual Assault Survivors with Posttraumatic Stress Disorder," Journal of the American Medical Association, August 1, 2001

3장_ 꿈과 욕망 • 꿈속에서 펼쳐지는 욕망의 세계

1 Quiroga, Rodrigo Quian, "Single-Neuron Recordings in Epileptic

Patients," Advances in Clinical Neuroscience and Rehabilitation, July/August 2009

2 DreamBank.net, a searchable collection of more than 20,000 dream reports

3 Chen, Wanzhen et al., "Development of a structure-validated Sexual Dream Experience Questionnaire (SDEQ) in Chinese university students," Comprehensive Psychiatry, January 2015

4 Selterman, Dylan F. et al., "Dreaming of You: Behavior and Emotion in Dreams of Significant Others Predict Subsequent Relational Behavior," Social Psychological and Personality Science, May 6, 2013
Domhoff, G. William, "Barb Sanders: Our Best Case Study to Date, and One That Can Be Built Upon," dreams.ucsc.edu/Findings/barb_sanders.html, undated

4장_ 꿈과 창의력 • 꿈에서 얻은 상상력을 영감으로 삼은 사람들

1 Dement, William, Some Must Watch While Some Must Sleep, W. H. Freemont & Co., 1972, pp. 99-101

2 Liu, Siyuan et al., "Brain Activity and Connectivity During Poetry Composition: Toward a Multidimensional Model of the Creative Process," Human Brain Mapping, May 26, 2015

3 Cai, Denise J. et al., "REM, not Incubation, Improves Creativity by Priming Associative Networks," Proceedings of the National Academy of Sciences, June 23, 2009

4 Mason, RobertA. and Just, Marcel Adam,"NeuralRepresentations of Procedural Knowledge," Psychological Science, May 12, 2020

5 Hartmann, Ernest et al., "Who has nightmares? The personality of the lifelong nightmare sufferer," Archives of General Psychiatry, January 1987

6 Barrett, Deirdre, "Dreams and Creative Problem Solving," Annals of the New York Academy of Sciences, June 22, 2017
7 "BAFTA Screenwriters' Lecture Series," September 30, 2011, youtube.com
8 Dalí, Salvador, 50 Secrets of Magic Craftsmanship (transl. by H. Chevalier), Dover New York, 1992
9 Lacaux, Célia et al., "Sleep Onset is a Creative Sweet Spot," Science Advances, December 8, 2021
10 Horowitz, Adam Haar et al., "Dormio: A targeted dream incubation device," Consciousness and Cognition, August 2020

5장_ 꿈과 건강 • 꿈이 당신의 건강에 대해 말해주는 것들

1 Kasatkin, Vasily, A Theory of Dreams, lulu.com, May 27, 2014
2 Rozen, Naama and Soffer-Dudek, Nirit, "Dreams of Teeth Falling Out: An Empirical Investigation of Physiological and Psychological Correlates," Frontiers in Psychology, September 26, 2018
3 Cartwright, Rosalind, "Dreams and Adaptation to Divorce," in Trauma and Dreams, ed. Deirdre Barrett, Harvard University Press, 1996, pp.179–185
4 Hill, Clara and Knox, Sarah, "The Use of Dreams in Modern Psychotherapy," International Review of Neurobiology, 2010
5 Duffey, Thelma H. et al., "The Effects of Dream Sharing on Marital Intimacy and Satisfaction," Journal of Couple and Relationship Therapy, September 25, 2008
6 DeHart, Dana, "Cognitive Restructuring Through Dreams and Imagery: Descriptive Analysis of a Women's Prison-Based Program," Journal of Offender Rehabilitation, December 22, 2009
7 Blagrove, Mark et al., "Testing the Empathy Theory of Dreaming:

The Relationships Between Dream Sharing and Trait and State Empathy," Frontiers in Psychology, June 20, 2019

8 Ullman, Montague, "The Experiential Dream Group: Its Application in the Training of Therapists," Dreaming, December 1994

9 Cartwright, Rosalind et al., "REM sleep reduction, mood regulation and remission in untreated depression," Psychiatry Research, December 1, 2003

10 da Silva, Thiago Rovai and Nappo, Solange Aparecida, "Crack Cocaine and Dreams: The View of Users," Ciencia & Saude Coletiva, March 24, 2019

11 "The Dreaming Mind: Waking the Mysteries of Sleep," World Science Festival, November 17, 2022, youtube.com

12 Van der Kolk, Bessel A., The Body Keeps the Score: Brain, Mind, and Body in the Healing of Trauma, Viking, 2014

13 Hartmann, Ernest, "Nightmare after Trauma as Paradigm for All Dreams: A New Approach to the Nature and Functions of Dreaming," Psychiatry: Individual and Biological Processes, September 26, 2016

14 Li, Hao et al., "Neurotensin Orchestrates Valence Assignment in the Amygdala," Nature, August 18, 2022

6장_ 꿈과 호기심 • 자각몽, 꿈의 주인공이 되다

1 Hearne, Keith M. T., "Lucid Dreams: An Electro-Physiological and Psychological Study," doctoral thesis, University of Liverpool, May 1978

2 Worsley, Alan, "Alan Worlsey's Work on Lucid Dreaming," Lucidity Letter, October 2010

3 Hearne, Keith M. T., The Dream Machine: Lucid Dreams and How

to Control Them, Aquarian Press, 1990

4 Mallett,Remington,"Partial Memory Reinstatement while (Lucid) Dreaming to Change the Dream Environment," Consciousness and Cognition, 2020

5 LaBerge, Stephen, "Lucid Dreaming and the Yoga of the Dream State: A Psychophysiological Perspective," in Buddhism and Science: Breaking New Ground, ed. B. A. Wallace, Columbia University Press, 2003, p. 233

6 "Lucid Dreaming with Ursula Voss," Science & Cocktails, youtube.com

7 Zhunussova, Zanna, Raduga, Michael, and Shashkov, Andre, "Overcoming phobias by lucid dreaming," Psychology of Consciousness: Theory, Research, and Practice, advance, 2022

8 Erlacher, Daniel, Stumbrys, Tadas, and Schredl, Michael, "Frequency of Lucid Dreams and Lucid Dream Practice in German Athletes," Imagination, Cognition, and Personality, January 2011

9 Schädlich, Melanie, Erlacher, Daniel, and Schredl, Michael, "Improvement of darts performance following lucid dream practice depends on the number of distractions while rehearsing within the dream – a sleep laboratory pilot study," Journal of Sports Sciences, December 22, 2016

10 Schädlich, Melanie, and Erlacher, Daniel, "Lucid music – A pilot study exploring the experiences and potential of music-making in lucid dreams," Dreaming, 2018

11 "The Dreaming Mind: Waking the Mysteries of Sleep," World Science Festival, youtube.com

12 Tumbrys, Tadas and Daniels, Michael, "An exploratory study of creative problem solving in lucid dreams: Preliminary findings and methodological considerations," International Journal of Dream Research, November 2010

13 "The Dreaming Mind: Waking the Mysteries of Sleep," World Sci-

ence Festival, youtube.com
14 Konkoly, Karen R. et al.,"Real-time dialogue between experimenters and dreamers during REM sleep," Current Biology, April 12, 2021
15 Raduga, Michael, ""I love you": the first phrase detected from dreams," Sleep Science, October 13, 2021

7장_ 꿈의 활용법 • 자각몽을 꾸는 법

1 Erlacher, Daniel, Stumbrys, Tadas, and Schredl, Michael, "Frequency of lucid dreams and lucid dream practice in German athletes," Imagination, Cognition, and Personality, January 2011
2 Cosmic Iron, "Senses Initiated Lucid Dream (SSILD) Official Tutorial," cosmiciron.blogspot.com/2013/01/senses-initiated-lucid-dream-ssild
3 Appel, Kristoffer, "Inducing signal-verified lucid dreams in 40퍼센트 of untrained novice lucid dreamers within two nights in a sleep laboratory setting," Consciousness and Cognition, August 2010
4 LaBerge, Stephen, LaMarca, Kristen, and Baird, Benjamin, "Pre-sleep treatment with galantamine stimulates lucid dreaming: A double-blind, placebo-controlled, crossover study," PLOS One, 2018
5 LaBerge, Stephen, and Levitan, Lynn, "Validity Established of DreamLight Cues for Eliciting Lucid Dreaming," Dreaming, 1995
6 Mota-Rolim, Sérgio A. et al., "Portable Devices to Induce Lucid Dreams – Are They Reliable?," Frontiers in Neuroscience, May 8, 2019

8장_ 꿈의 미래 • 당신의 꿈은 조작되고 있다

1 Yukiyasu Kamitani (Kyoto University) Deep Image Reconstruction

from the Human Brain," youtube.com

2 Huth, Alexander G. et al., "Natural speech reveals the semantic maps that tile human cerebral cortex," Nature, October 28, 2016

3 Popham, Sarah F. et al., "Visual and linguistic semantic representations are aligned at the border of human visual cortex," Nature Neuroscience, November 2021

4 Shanahan, Laura K. et al., "Odor-evoked category reactivation in human ventromedial prefrontal cortex during sleep promotes memory consolidation," Neuroscience, December 18, 2018

5 Arzi, Anat, et al., "Olfactory Aversive Condition during Sleep Reduces Cigarette-smoking Behavior," The Journal of Neuroscience, November 12, 2014

6 Mahdavi, Mehdi, Fatehi-Rad, Navid, and Barbosa, Belem, "The role of dreams of ads in purchase intention," Dreaming, 2019

7 Ai, Sizhi et al., "Promoting subjective preferences in simple economic choices during nap," eLife, December 6, 2018

8 The Risks and Challenges of Neurotechnologies for Human Rights, UNESCO, 2023

9 "Rafael Yuste: Let's act before it's too late," en.unesco.org/ courier/2022-1/rafael-yuste-lets-act-its-too-late, 2022

9장_ 꿈과 해석 • 꿈보다 해몽, 꿈을 제대로 이해하는 법

1 Malinowski, Josie and Horton, C. L., "Dreams reflect nocturnal cognitive processes: Early-night dreams are more continuous with waking life, and late-night dreams are more emotional and hyper associative," Consciousness and Cognition, 2021

2 Hartmann, Ernest, "The underlying emotion and the dream: relating dream imagery to the dreamer's underlying emotion can help eluci-

date the nature of dreaming," International Review of Neurobiology, 2010

3 Breger, L., Hunter, I., and Lane, R., "The Effect of Stress on Dreams," Psychological Issues, 1971

4 Hartmann, Ernest, "The underlying emotion and the dream: relating dream imagery to the dreamer's underlying emotion can help elucidate the nature of dreaming," International Review of Neurobiology, 2010

5 Ross Truscott, "Mandela's Dreams," Africasacountry.com/2018/11/mandelas-dreams, November 15, 2018

옮긴이 조주희

일본 나고야대학 법학부를 졸업하고 일본의 IT기업이자 투자회사의 사업개발 부문, 글로벌 광고회사에서 홍보팀 및 다양성 추진팀의 리더를 거친 후 현재 일본의 주요 금융그룹의 지속가능성 기획실에서 활약하고 있다. 평소에는 책과 여행으로 지적 허기를 채우는 것이 취미이며, 출판번역에이전시 글로하나에서 다양한 분야의 도서를 번역하며 출판번역가로 활발히 활동하고 있다.

당신이 잠든 사이의 뇌과학

초판 1쇄 발행 2024년 6월 26일

지은이 라훌 잔디얼
옮긴이 조주희

발행인 이봉주 **단행본사업본부장** 신동해
편집장 조한나 **기획편집** 윤지윤
마케팅 최혜진 이은미 **홍보** 송임선
국제업무 김은정 김지민 **디자인** 초코북 **제작** 정석훈

브랜드 웅진지식하우스
주소 경기도 파주시 회동길 20
문의전화 031-956-7356(편집) 02-3670-1123(마케팅)

홈페이지 http://www.wjbooks.co.kr
인스타그램 www.instagram.com/woongjin_readers
페이스북 https://www.facebook.com/woongjinreaders
블로그 blog.naver.com/wj_booking

발행처 ㈜웅진씽크빅
출판신고 1980년 3월 29일 제406-2007-000046

ISBN 978-89-01-28511-5 (03400)